高等教育艺术设计精编教材

平面设计类

展示设计

ZHANSHI SHEJI

李梦玲　邱　裕　主　编
潘　群　任康丽　副主编

清华大学出版社
北　京

内容简介

本书包括：展示设计概述、展示设计的分类、展示设计与人体工程学、展示空间设计、展示道具设计、橱窗展示设计、展示空间的色彩设计、展示空间的照明设计、展示设计的流程、展示设计的表现、展示工程材料与工艺，全面涵盖了展示设计中所涉及的内容。本书内容实用性强，文字通俗易懂，附有近300张图片，让学生能更加直观地掌握展示设计的知识。另外，本书注重理论联系实际，对展示材料和施工方面知识做了详细的介绍。读者通过本书的学习，能初步掌握制图、方案以及施工全过程，从而逐渐独立完成设计项目。

本书既可作为本科、高职高专、成人高等院校等相关专业学生的学习用书，也可供展览、展示设计领域的相关人员参考。

图书在版编目（CIP）数据

展示设计/李梦玲，邱裕主编. —北京：清华大学出版社，2011.4
（高等教育艺术设计精编教材）
ISBN 978-7-302-24721-0

Ⅰ. ①展… Ⅱ. ①李… ②邱… Ⅲ. ①陈列设计－高等学校－教材 Ⅳ. ①J525.2

中国版本图书馆CIP数据核字(2011)第006335号

责任编辑：张龙卿
责任校对：刘　静
责任印制：杨　艳

出版发行：清华大学出版社
　　网　址：http://www.tup.com.cn，http://www.wqbook.com
　　地　址：北京清华大学学研大厦A座　　**邮　编**：100084
　　社 总 机：010-62770175　　**邮　购**：010-62786544
　　投稿与读者服务：010-62776969，c-service@tup.tsinghua.edu.cn
　　质 量 反 馈：010-62772015，zhiliang@tup.tsinghua.edu.cn
印 装 者：北京嘉实印刷有限公司
经　销：全国新华书店
开　本：210mm×285mm　**印　张**：8.75　**字　数**：226千字
版　次：2011年4月第1版　**印　次**：2012年6月第2次印刷
印　数：3001～5000
定　价：43.00元

产品编号：037747-01

编 委 会

参 编 院 校

（排名不分先后）

序号	参编院校	序号	参编院校
1	清华大学	28	湖北大学
2	湖北美术学院	29	襄樊学院
3	武汉工程大学	30	深圳广播电视大学
4	武汉纺织大学	31	湖北工业大学商贸学院
5	湖北工业大学	32	南华大学
6	长江职业学院	33	河南信阳师范学院
7	北京联合大学	34	武汉职业技术学院
8	华中科技大学	35	湖南工业大学
9	湖北经济学院	36	武汉科技大学城市学院
10	武汉理工大学	37	武汉工程大学邮电与信息学院
11	荆楚理工学院	38	长江大学
12	湖北师范学院	39	武汉科技大学中南分校
13	湖北第二师范学院	40	江汉大学
14	三峡大学	41	湖北汽车工业学院
15	武汉科技大学	42	广西艺术学院
16	中南民族大学	43	江汉大学现代艺术学院
17	中南民族大学工商学院	44	九江学院
18	华中科技大学文华学院	45	华中科技大学武昌分校
19	武汉理工大华夏学院	46	武汉工业学院
20	华中师范大学武汉传媒学院	47	华中师范大学
21	黄石理工学院	48	华南农业大学
22	华中农业大学	49	内蒙古农业大学
23	湖北民族学院	50	内蒙古科技大学
24	中国地质大学	51	广州美术学院
25	黄冈师范学院	52	孝感学院
26	华中农业大学楚天学院	53	武汉大学
27	苏州科技学院	54	江南大学

总　序

艺术设计专业是一门综合的学科门类，是社会经济高速发展过程中与科学、经济、人文结合密切的领域。随着产业多元化的发展，社会对艺术设计类人才的需求量逐年增加。据教育部最新统计资料显示：全国开设艺术设计教育专业的高校有1400多所，艺术设计类普通本科、专科在校学生人数超过40万，而且各类高等院校每年都在扩招艺术设计专业的学生。

我国艺术设计专业教育虽然发展速度很快，规模宏大，但人才质量还无法完全满足社会的要求，还有部分艺术设计专业毕业生存在就业难的问题，归纳原因主要包括以下两个方面：①毕业生缺乏实践经验，所学知识难以和企业需求接轨；②毕业生的创新能力比较差，无法满足企业实际需要。因此，对艺术设计专业教育现状进行分析并进行必要的改进、创新已经变得迫在眉睫。

当前，我国高等教育正处于深刻变革的时期，高等教育已经从过去的精英教育转向大众教育。从学科的发展角度来看，艺术设计专业的内涵也已从过去狭窄的实用美术范围扩展到公共艺术设计、视觉传达设计、环境艺术设计、数字艺术设计、动画设计、工业设计、服装设计等与人们工作、生活密切相关的广阔领域，因此，艺术设计专业已经成为我国高校最热门的专业之一。

艺术设计专业的培养目标是：培养德、智、体、美全面发展的宽口径、厚基础、高素质、强能力，具有创新精神、实践能力和良好发展潜力，适应经济和社会发展需要，能够在教育、设计、生产等相关企事业单位从事艺术设计、教学等方面工作的高素质应用型人才。

艺术设计专业教材体系的建设，是当前高校艺术设计专业教学中一个紧迫的任务。只有建立起具有科学性、系统性、实践性、前瞻性的教材体系，才能培养出知识面广、综合素质高、专业技能强、有责任心、具有团队精神、创新能力、适用性强的优秀毕业生，以满足社会对设计人才的需求。这也是清华大学出版社组织编写艺术设计专业系列教材的初衷和目标。

艺术设计教材是艺术设计教学的基础，既是教学课程内容和教学方法的主要依据，又是过去教学成果的反映，因此，教材的编写一定要准确地反映教学模式的特点，反映课程的教学指导思想，反映该专业领域的知识、能力要求和学习新事物的认知规律。所编写的艺术设计教材要顺应时代发展和社会需求的新特点，同时体现专业教学与素质培养相结合的特点。

在专业设计课和社会需求、生产实践的关系上，还应根据实用、价廉、环保、美观的设计原则，综合运用新材料、新加工工艺和形式美的法则，充分发挥学生的创造性和主动性。

本系列教材有以下特点：①注重加强学生艺术设计基础理论的学习，以便为后续专业课的学习打下坚实基础，在设计概论、设计美学、设计史、人体工程学、材料学、工艺学、营销学、设计管理等方面注意加强教学研究。②注意专业理论的系统性及案例的丰富、新颖，尽量体现最新的科研及教学成果，反映各院校成功的教改经验，体现教材的先进性、实用性的特点。③本系列教材选择作者的原则是：要具有丰富的教学经验和实际项目设计经验，所在院校的艺术设计专业比较有特色，覆盖地域尽量广泛。④本系列教材尽量通过大量的图片来说明问题，并通过对实际工程项目的详细分析，使学生能够学以致用，缩短与工作单位实际需求之间的距离。⑤本系列教材参编院校众多，目前已经有50多所各有千秋的院校参与进来，后续教材的开发将组织更多的院校参与。

本套丛书在编写过程中，得到了多所院校领导、老师以及武汉市恒曦书业发展有限公司的大力支持和帮助，在此一并表示衷心的感谢！

本系列教材不仅适用于艺术设计类本科院校、高职高专院校，也适用于设计机构及相关的从业人员。

丛书编委会

2010年10月

前 言

随着社会经济和科技的迅猛发展，尤其是现代商业需求的日益旺盛，作为一门新兴的设计学科，展示设计有着良好的发展前景。在会展业，展示设计能带来巨大的商业机遇，促进城市的繁荣；在各类博物馆中，展示设计成为一种融尖端科技和密集信息的艺术性的文化活动；在商业销售空间中，展示设计起到促进消费和引领时尚及生活方式的作用。当今的展示设计应以经济和科技为基础，体现时代特征和文化理念，因此展示设计又被誉为“文化科技的结晶、历史的影子和经济发展的晴雨表”。

我国的展示设计起步虽晚，但是伴随社会经济的迅猛发展，也取得了不俗成绩，如成功地举办了1999年的昆明世界园艺博览会和2010年上海世界博览会。但从展示设计行业的整发展体上讲，在理论的研究、道具和材料的开发，以及展示人才的培养上与先进国家相比，还有很大差距。目前，国内一些院校已开设了展示设计专业或课程，但在教学上与日益国际化的展示手段和设计思想始终有一定距离，另外，缺乏相应的教材也是一个制约因素。

笔者有幸受邀参与清华大学出版社策划的这套高等院校艺术设计丛书的编写工作。借这次机会，把多年从事展示设计实践和教学体会以及研究成果整理成书，旨在为高等院校展示设计专业的学生和从事本专业的设计者提供一本较系统的教学参考书，希望对他们有所启发和帮助，也期望能对后续此类教材起到抛砖引玉的作用。

本书在编写过程中，武汉工程大学邱裕，华中科技大学潘群、任康丽三位老师也参加了部分内容的编写，在此一并表示衷心的感谢！

由于本人学识有限，加上教学任务繁重，书中难免有不妥之处，故衷心期望老前辈、同行和广大读者不吝赐教。

李梦玲

2010年7月

目录

展示设计

展示设计

展示设计

展示设计

第 1 章
展示设计概述

1.1 展示设计的概念

展示，英文为display，语意上有“表现”、“显现”、“被见”之意。在《辞海》中，将“展”解释为“开”、“伸张”、“陈列”；“示”解释为以事告人，给人看。因此“展示”具有清楚地摆出来或明显地表现出来的意思。展示的含义就是以信息传达、促销、教育启蒙等为目的，在一定时期及特定空间里将要传达的内容表现给参观者的一种空间传播形式。

展示设计具体而言指的是展示活动的设计，它是指运用现代的科学思想和先进的设计手段对展示空间内外环境进行创造，并采用一定形式的视觉传达手段和特色的照明方式，借助某种道具设施，运用恰当的色彩装饰，将一定量的信息和宣传内容，生动地展示在观众面前，以期对观众的心理、思想与行为产生重大的影响，为达到此目的所进行的一系列创造性劳动。简单地说，展示设计是使展示空间环境、道具形式、照明方式和视觉传达手段等，有利于展示展品，并在心理和精神上深刻地感染观众的综合性设计工作。

展示设计需要达到三个目的：创造良好的陈列空间和展示环境；创造最佳的陈列方式和展示形象；创造和谐的人机关系和人际关系。

因此，展示设计不是简单地摆放展品，而是通过设计，运用空间规划、平面布置、灯光控制、色彩配置以及各种组织策划，有计划、有目的、符合逻辑地将展示的内容展现给观众，并力求使观众接受设计者计划传达的信息。它包含传递信息一方与接受信息一方的相互作用关系。

1.2 展示设计的发展历程

现代展示设计理念形成于20世纪末，而人类对展示的应用则早得多。从人类文明的开始到现在，展示设计的发展大致可划分为以下四个阶段。

1. 远古时期

远古时期的图腾崇拜、树碑立柱、祭祀鬼神等宗教活动，体现着原始的意念传达展示形式。

随着社会生产力发展到一定阶段，原始人类的生活和生产资料产生了交换的需求，在交换过程中，物品的展示也就成为最初商品交换过程中的一个重要的环节，为促成这种交换，有意识地展示物品的质量便成为最初的广告。这种交换促进了商品的生产和流通，促进了社会的分工，也促进了商业的发展，并形成最初的商业环境——集市。在集市上人们可以将各自的商品展示出来，供人选购，甚至为展示制作一定的道具，如货架、摊床等，更好地陈列商品，形成了最初的商品展销会雏形。

2. 封建时期

封建社会时期的展示形式，主要体现在商业活动和教化活动两大方面。

商业活动主要体现在店铺行会和集市贸易方面。至少从封建社会中期起，就有了展卖商品的商店，店铺有专门的牌匾、商标与广告，有专用的货架、橱柜、徽号与招牌等。根据我国四川广汉出土的东汉市集画像砖，可以清晰地看到当时的店铺主人是如何通过实物陈列和口头叫卖招徕顾客的情景。在张择端的《清明上河图》中可以清楚地看到一些店铺、商行以个人姓名命名的店面招牌，店铺门楣上的金漆牌匾和旗幅等都是在向过往的人们传递信息（图 1-1）。我国在北宋年间定期举行庙会，商人们把商品集中到某个区域设摊摆卖，形成商品交易的高潮，而庙会在实质上就是现在所说的商品交易会，只是形式更为原始。

图1-1　宋代张择端的《清明上河图》中形象地描绘了一幅北宋年间东京汴梁商业繁华、店铺林立的情形

封建社会的教化活动包括：①封建教义和民众的宗教艺术，致使庙宇神殿、教堂和石窟造像等的建造，达到空前绝后的极盛期。一座保存完整的教堂或神庙可以看作是一个陈列雕像或其他宗教内容的博物馆，从中可以反映出宗教历史和宗教艺术的发展历程。例如洛阳龙门石窟中的石刻佛像的陈设，就是一种展示和观赏宗教雕像的过程（图 1-2）。②地主贵族的生活中以收藏珍品古玩、书籍等为目的的展示活动。欧洲中世纪时期，一些贵族阶层为满足自己占有财富的欲望和欣赏艺术品的需求，常常将自己拥有的珍宝、艺术品、战利品等集中陈设，由此产生了家庭或家族的收藏室。作为财富的炫耀，这些收藏品常以显著的位置和方式以示众人。在一般的家庭，精致的餐具等器皿也是展示陈列的对象。

图1-2　洛阳龙门石窟

3. 近代资本主义时期

近代资本主义时期是展示设计发展的一个重要阶段。这一时期的展示艺术，在文化方面，主要体现在各类博物馆的建设和文化艺术性的展览活动；在经济方面，主要体现在国际博览会的产生和发展。

近代中国由于资本主义商品的输入和民族工商业的发展，陆续出现了许多新的商业展示形式，如路牌广告、霓虹灯广告、街车广告、报纸杂志广告和其他印刷品广告相继在上海、天津等大城市出现，广告公司也相继成立。

清朝末年，我国有了正式的展览会和博物馆。

1905 年在南京举办了第一届博览会。1919 年开放了故宫博物院。从 1920 年起，我国开始建造博物馆和展览馆。1934 年至 1937 年，青岛水族馆、上海博物馆和南京博物馆正式建成，并在南京博物馆举办了“中国建筑展览会”，共展出古代及近代建筑模型、图纸、材料和工具等 1000 余种。1876 年，美国费城世博会上，清政府第一次派中国工商业代表参加。

18 世纪末以后，为适应资产阶级发展的需要，在英、法、奥、捷、德等国，先后出现了自然博物馆、地质博物馆、人文博物馆、工艺美术博物馆和科技博物馆等。

19 世纪初开始，橱窗正式出现在欧美一些国家的商店门面中，并随着技术装备的完善，橱窗展示艺术日趋成熟。

19 世纪中期，欧洲工业革命的兴起，使生产力得到迅速的发展，各种产品的数量不断增加，新产品不断出现。英国作为第一次工业革命的先导国家，为了显示其产业革命所取得的巨大成就，于 1851 年 5 月，在伦敦海德公园举办了第一届世界博览会。此次世博会共耗用 4500 吨钢材、30 万块玻璃建造了一座 92000m^2 的展览馆，被誉为“水晶宫”（图 1-3 和图 1-4），参展的各国在馆内都占一席之地。这座按温室架构的建造原理发展而成的玻璃房，通体透明，空间开阔，展示了钢铁结构大空间技术，向人类预示了工业化生产时代的到来。这次博览会共展出精品 14000 余件，有英国的机床、机车、冶金、轻纺及细瓷产品等。尤其让与会者惊羡不已的是展示了体现当时工业革命水准的标志产品——先进的转锭精纺机和蒸汽机。此外，法国的家具、化妆品，美国的镰刀、斧子、水桶、弹簧椅、果皮刀、果汁机等，均遵循“功能第一”的实用美术原则进行设计，并采用机械批量生产，既实用又美观。这次博览会持续 160 余天，吸引了来自全世界 600 多万观众，盛况空前。

1851 年的首届世界博览会，开创了展示设计的历史新纪元，同时也标志着现代展示设计学科开始形成。继此之后，在各工业国家兴起了规模宏大、形式多样的国际性博览会。这些世博会由当初的只是单纯的展出物品，逐步发展成为领导世界技术革新的场所。

图1-3　第一届世博会“水晶宫”外观

图1-4　伦敦“水晶宫”内景

4. 第二次世界大战至今

第二次世界大战以后，经济的高速发展，商品的多样化和多元化，大大满足了人们对物质商品的需求。商品销售的方式产生了巨大变革，各类销售形式也相继产生，出现了百货公司、开架式的自我服务商店；20 世纪 60 年代以后，又出现了大型购物中心、连锁店和超级市场，商业展示步入了现代化的阶段，顾客可以在宜人的、物品丰富和形式多样的销售环境中愉快地进行购物（图 1-5）。

图1-5　上海港汇广场购物中心

20世纪80年代以后，展示设计的艺术表现形式上又出现了个性化的趋势，并形成新的设计思潮。在各种新思潮影响下的展示空间更加灵活、自由，格局上更加开放，空间形态处理上更加丰富多彩，展示的创意上更是新颖别致。尤其是环境与主题结合得更密切，把展示内容作为展示环境设计的依据，力求创造一个更丰富、更具有个性化的展示环境。与此同时，以计算机为代表的微电子技术也被大量运用在展示设计中，各种电脑程序控制、视频技术、"虚拟真实"（VR）技术等广泛运用，作为新的表现手段形成独特的艺术魅力。展示设计进入了科学与艺术结合的现代化展示的时期。

与此同时，各种专题性和综合性的博（展）览会逐渐增多，并在其影响下，以交易为目的的各类展览、展销、交易活动风靡全球。时至今日，展示活动不再是单纯的展体构成，已扩展到博览、商业、环境、生活娱乐等一切人文活动中，几乎包容了全部现代设计的学科内容。

1.3　展示设计的本质与特征

1.　展示设计是有别于工作与生活空间的环境艺术设计

展示设计是创造一种人人都能接受和适应的展示空间环境，让人们在其中接受信息、增长见识、受到教育和启迪，而且是短时间地观赏和受感染，而不是长期在展示空间内生活与工作。因此，要求展示空间形态、环境氛围必须新颖、独特和引人注目，在道具、色彩、照明、装饰以及文字的选择和使用上要独具匠心，有利于展示展品，使人容易理解和印象深刻。

2.　展示设计必须是艺术与科技的高度结合

展示设计作为一门实用美术，必须做到艺术形式与内容高度统一。同时，它必须充分体现时代感，应用一切可用的物质条件和先进的科学技术手段，按照美学法则和规律，设计出感人的视觉形象和空间环境，从而作用和影响观众的心理和行为，做到艺术与科技的完美结合。科学技术成为展示的工具与手段，例如音响、激光、液晶显示、程控与遥控、电传、泛光照明、影视、光纤、传真等科技的应用，极大地增强了展示艺术的魅力（图1-6）。

图1-6　香港WTCmore购物中心的展示间运用了数码灯光、音响效果以及视频营造出充满活力与动感的氛围

3. 展示设计的艺术魅力在于追求新颖、独特和趣味性

优秀的展示设计既不是枯燥地堆砌展品资料，也不是空洞地说教，而是有选择地使用展示素材，运用各种艺术手法和技术措施精心地组织、创造出新颖、独特和趣味性的艺术环境。观众普遍的心理是好奇和先睹为快，只有展示设计从整体到局部都十分新颖时，才能收到最佳的展示效果。因此，从空间的结构形态、色彩与光环境，到道具样式与陈列方式以及版面编排与装饰，结合科技设备，每一步设计都要独具匠心，个性鲜明。同时运用趣味性的表现手法，如夸张手法、寓意手法、视错觉手法、幽默诙谐手法等，来增强展示空间的情趣和艺术表现力，以达到突出展品和吸引观众的目的。

4. 展示设计必须体现观众的参与性

所有的展示活动都离不开观众的参与。展示设计巧妙的构思和布置陈列，充满着感染力的艺术环境，都是为了吸引观众参观，感染和征服观众的目的。在展示空间里，不论是向观众做示范（演示、操作表演），还是让观众欣赏内容，或是让观众动手操作和亲身体验（图1-7），没有观众参加，所有活动都是毫无意义的。因此，展示设计必须使用自己的特殊语言、手法与手段，以生动直观的展示方式，用形象化的内容，努力吸引观众积极地参与到展示活动中来，才能收到理想的展示效果。

图1-7　观众的参与使展示活动更容易得到认可

1.4　展示设计的可持续发展观

20世纪以来，随着社会需求的不断增长，展示设计活动得到迅速发展。但是，随着人类进入21世纪，面对科技、能源、环境及以人为本等多元化信息时代的到来，其传统展示设计理论由于惰性与滞后而显得有些“苍白”。社会的发展、技术的进步、人类生活方式及思想观念的改变给展示设计提出更多的要求，现代展示设计面临着诸多待以解决的问题，其中对观众的关注、新科技的引入以及对生态环境的重视是三个核心问题。展示设计作为人类精神和物质的载体，其发展应秉承可持续发展观，顺应人类可持续发展的宗旨。

1. 体现人性关怀

形成以“人”为本的展示空间模式，要求在展示设计中将“以人为本”和传统的“以物为本”同等重视起来，要将蕴涵丰富文化背景的实物，本着观众的需求出发，以代表时代最高水准的陈列手法深入浅出、通俗易懂地展示给观众，并体现在设计自始至终的方方面面。

2. 展现科技魅力

展示设计是艺术与技术的综合体，理性的因素占有很大的成分，技术方面的要求也越来越高。在步入科技时代的21世纪，科学技术的运用越来越广泛，展示空间应该逐渐开始运用计算机、网络、虚拟信息等高科技手段，给观众创造一个方便、直观、丰富、异样的展示空间，从而来吸引更多观众的目光（图1-8）。

3. 引入生态理念

形成重视生态环境的展示空间模式，努力实现可持续发展。生态环境的恶化和可持续发展的思想需要展示设计具有生态观，展示空间中最大限度地“扩展”、“渗透”绿色和生态观念（图 1-9）。与此同时，也需要重新去认识历史传统和地方文化，尊重那些融入了地域情感和独特智慧的传统文明，并在设计中得以真正体现。

因此，现代展示设计的可持续发展观可概括为“以人性化为前提，科技化为手段，生态化为目标，在交互中发展”的思想。展示是为人而展示、设计的目的是为更好地向人展示，展示空间的存在是在人的参与下才有了生机，因此展示设计的根本就是为人而服务；人类本身属于自然界，无论社会如何发展，人的天性还是回归自然、崇尚生态，这必然决定了展示设计发展的最终目标是实现生态化的绿色展示、使之可持续发展；科学技术的发展日新月异，科学技术手段更是令人无所不能，因而，充分运用技术化手段将是达到展示空间生态化目标的捷径，将是实现展示空间人性化前提的最有效手段。

图1-8　用科技手段展现的“清明上河图”画卷

图1-9　美国某购物中心利用阳光、植物、水为顾客创造了一个自然生态的购物环境

思考题：

1. 什么是展示设计？其意义何在？
2. 展示设计具有哪些本质和特征？
3. 请简述展示设计的发展趋势。

第 2 章 展示设计的分类

展示本身所包含的内容非常广泛，展示设计的类型从不同的角度来看可以有不同的分类方法：按照展出的场所分类有室内展示设计、户外展示设计和巡回特展；按照展出的时间长短分类有临时性展示设计和永久性展示设计；按其级别可分为世界级、国家级、省级、地级；按照展出性质的不同分类主要有商业展示设计、博物馆展示设计、展览类展示设计和庆典礼仪展示设计。

2.1 商业展示设计

商业展示设计主要指各类购物中心、商场、超级市场、专卖店等商业销售环境的展示设计。商业展示更注重商业性，是设计的一个边缘性的综合体，其展示的主要目的是促进销售、增强广告效应，创造一个具有趣味的、舒适感和亲切感的购物与消费环境。

1. 购物中心

购物中心，英语称为 Shopping Center，在美国又叫做 Mall。20 世纪以后，随着商业文化的发展，世界发达国家的城市渐渐形成了新型商业网。由于城市人口不断增多，汽车工业的迅猛发展，使得城市交通日渐拥挤，城市污染、地价上涨等许多问题接踵而来，于是很多中产者移居到郊外，善于变通的商人们也随之将商场迁至郊外。为了方便顾客，发展商有了更全面的筹划，他们将购物、饮食、娱乐等各类服务功能都集中起来，并从建筑整体规划入手，建成了全新的商业区，它们往往是由几栋建筑联合构成，形成购物中心建筑群。购物中心，在美国通常要邻近高速公路，而在我国通常是在中心街道或市区，所以必须拥有足够的停车场地。为了吸引顾客前来购物，购物中心还需具备开阔的休闲区，其中包括餐饮区、休闲区等。

购物中心多以店中店的形式出现，众多商家云集，纷纷以自己的独特面貌示人，但也要与大空间相协调。为了容纳百家，购物中心的整体建筑设计多采用含蓄的色调和朴素的材质，装饰风格也力求简洁大方，但各家都采取了与众不同的形象和特殊的风格以取悦顾客（图 2-1）。

图2-1 上海恒隆广场购物中心

2. 超级市场

超级市场（supermarket）在20世纪70年代初始于美国，并很快风靡全世界，成为发达国家全新的商业形式。计算机管理降低了商品成本，并由柜台式售货发展成开架自选，让顾客购物更随心所欲，从而扩大了商业机能（图2-2）。这种机能的变革，使商业的空间布局也相应发生变化，其功能分区更条理化、科学化，集中式收款台设在入口处，无形中增大了卖场的面积，以人为本的设计理念在这里得到了体现。中国的超市从20世纪90年代初开始进入市场并发展成为零售业界的主力军。

图2-2　美国超级市场

目前，国内外众多的超级市场主要有四种业态：便利店、食品超市、仓储式商场、综合式超级市场。通常为了使便利店拥有固定的成熟顾客，多采取统一形象的连锁店形式。

3. 专卖店

专卖店有两种形式，第一种是经营同类商品的专卖店，第二种是经营同一品牌的专卖店。

第一种专卖店，往往集中了同类商品的各种品牌，在商业活动中能产生很高的效益。

第二种专卖店，在经营系列商品的同时，商家更注重的是树立品牌形象和针对消费群体的定位宣传。并且同一品牌的商品往往是系列销售。如品牌服装店，就会有与服饰有关的诸如鞋帽、背包、饰物等物品，所以展架的设计与摆放有一定的分区和错落（图2-3）。

常见的专卖店种类有：家用电器专卖店、男女时装专卖店、鞋帽专卖店、箱包专卖店、金银首饰专卖店、品牌电脑专卖店、品牌家具专卖店等。

现代商业购物环境往往采取开放式的销售方式，购物环境的设计必须与室内装修相协调，采用适合于销售商品的陈列和展示方式。如灯光照明、货架、货柜、展台、柜台的设计要方便顾客选购；广告招贴布置既要醒目又要协调。在一些现代化的大型商场内还可设有快餐、酒吧、银行等设施，这些空间的设计，也都和展示环境的设计有关。广告橱窗的设计也是购物环境的一部分，橱窗是商业的窗口，也是一个城市中最重要的都市景观之一。在市场经济高度繁荣的今天，橱窗也是商业竞争的阵地。商店橱窗没有固定的规格和模式，多取决于商店建筑的格局和布置，通常有封闭式、开敞式和半开敞式等形式（图2-4）。

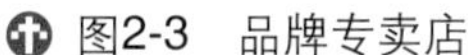
图2-3　品牌专卖店

图2-4　橱窗设计

2.2　博物馆展示设计

博物馆是进行展示活动的专门场所，它除了具有一般展示的功能外，还具有研究、教育、收藏的目的。国际博览协会在其章程中指出："以研究、教育和欣赏为目的，收藏、保管具有文化或科学价值的藏品并进行展出的一切常设机构，均应视为博物馆。" 一个大型的综合性博物馆在一定程度上反映了一个城市，乃至一个国家的文明水准，博物馆的建筑也是一个城市的标志性建筑之一。

博物馆包括历史博物馆、自然博物馆、行业博物馆、科技馆、美术馆、陈列馆等（图 2-5～图 2-11）。行业博物馆例如杭州中国丝绸博物馆、江西景德镇陶瓷史博物馆、北京中国紫檀博物馆、上海民族乐器博物馆、上海烟草博物馆等。博物馆的展示具有长期性和固定性，主要是为了提供观赏、学术研究、信息的收集和传递等目的，侧重于教育和欣赏。

图2-5　东北历史博物馆

博物馆的展示设计应充分考虑到展示的环境空间、交通流线、照明采光、展品安全、观赏效果、观众休息等各方面的因素，并在设计中采用先进的技术手段，以反映当地的科技水平。特别注意的是展品多以珍贵的历史文物和文献为主，所以在设计中要充分考虑展品的保护和安全性。

博物馆展示设计是一门学科交叉性很强的艺术性创作活动。博物馆展示设计不仅是完成装饰陈列的技术性工作，设计师还要对历史学、社会学、人类学、美学、心理学、传播学、认知科学、环境行为学甚至市场学等学科做充分的了解，这也是做好现代博物馆展示设计的基础。因此，博物馆的展示设计也是所有展示设计中艺术效果和技术含量要求最高的。

图2-6 日木大分县历史博物馆

图2-7 西班牙比亚埃尔莫萨宫藏品博物馆

图2-8 报纸发展历史博物馆

图2-9 横滨电力历史博物馆

图2-10　佛罗里达州海洋博物馆

图2-11　恐龙博物馆

2.3　展览类展示设计

展览类包括博览会、展览会和展销会，它们往往具有很明显的时间性和季节性，在展览内容、时间、形式和规模上具有很强的灵活性。

所谓博览会，大多是由政府或国家认可的社会团体出面主办，以促进经济贸易和文化科学的交流为宗旨的大型展示活动。通过正式外交途径邀请其他国家并通过国际展览局 (Bureau of International Expositions，BIE) 批准的博览会可称为世界博览会。国际上对举办国际性的博览会的周期与次数有统一的规定，并有一定的申办程序。由于世界性博览会的举办需要大量的资金和人力物力的支持，并对举办国与当地的经济带来重大的影响，所以各国政府都对举办世界博览会极为重视。博览会的申办、设计等过程往往成为一种政府行为。世界博览会的总体设计和布展过程都是一个涉及诸多方面的、庞大的系统工程。按国际展览局的规定，世界博览会分为综合性博览会和专业性博览会两类。专业性博览会分为 A1、A2、B1、B2 四个级别，A1 级是专业性博览会的最高级别。我国已成功地举办了 1999 年的昆明世界园艺博览会和 2010 年上海世界博览会（图 2-12）。

图2-12　2010年上海世界博览会中国馆

除了世界性的博览会以外，各种以商业和文化交流为目的的展览会、展销会等则是现代社会日常的经济和文化活动。

因为在时间、内容、形式和规模上具有很大的灵活性，所以，展览类的展示设计要求有强烈的形式感，要能创造活跃、热烈的气氛，追求强烈的视觉印象，以便在最短的时间内最有效地吸引观众的注意，激起他们的好奇心和好感，把信息有效地传达给观众。同时还要能保证在较短的时间，接纳较多的参观者，并保证参观者的安全、便利。一些商业性的展览会或展销会，除了考虑商品的展示外，还必须考虑在空间的设计上保证具有一定的洽谈、销售空间。

2.4　庆典礼仪展示设计

许多重要的节日庆典、礼仪活动的环境设计也是属于展示设计的范围（图 2-13）。一般这些活动要求有一个符合其内容气氛的环境，展示设计的目的就是创造这样一种气氛。如大型的游园活动环境，大至平面布局，小至会徽标志，灯彩旗帜、绿化花卉等，都是展示设计的任务。至于一些现代化的大型节庆活动则更是结合了现代科技的各个领域技术的综合性设计：激光广告，烟雾焰火，电子科技等，如一些大型运动会的开幕式、闭幕式、游园活动、灯会等就不是单纯的展示设计所能概括的。

图2-13　山西太原晋祠公园菊花展

思考题：

1. 展示设计有哪几种分类方式?
2. 哪些商业销售环境属于商业展示范畴?
3. 展览类展示设计具有哪些特征?

第3章 展示设计与人体工程学

在展示设计中，人的基本行为是观看与行走，因此了解人体在展示空间中的行为状态和适应程度，是确定各项空间设计和展具设计的依据，而这个依据就是下文谈到的人体工程学。

3.1 人体工程学的定义与作用

人体工程学是第二次世界大战后发展起来的一门新学科，该学科在美国被称为 Human Engineering；英国等欧洲国家一般使用 Ergonomics；日本和俄罗斯都沿用欧洲名称。在我国，人体工程学的相关名称比较多，分别从各自的专业领域命名，有"人体工程学"、"人机工程学"、"人类工程学"、"人因工程学"、"人机环境工程学"、"人类工效学"等。在艺术设计领域普遍使用人体工程学来命名这一学科。

国际人体工程学协会（International Ergonomics Association，IEA）的会章中把人体工程学定义为："人体工程学是研究人在工作环境中的解剖学、生理学、心理学等诸方面的因素，研究系统中各组成部分的交互作用（效率、健康、安全、舒适等），研究在工作和家庭生活中、在休假的环境里，如何实现人—机—环境最优化的问题的学科。"

概括地说，人体工程学是研究人以及与人相关的物体（家具、机械、工具等）、系统及其环境，使其符合人体的生理、心理及解剖学特性，从而改善工作与休闲环境，提高舒适性和效率的边缘学科。

在展示设计中，人体工程学的研究是设计者确定各项设计形式，制定各项标准的依据。优秀的展示空间设计，不仅有赖于艺术的构想，同时也依赖于正确地处理好人—展品—环境之间的关系。同时，了解人体在展示环境中的行为状态和适应程度是确定各种数值的基础。

从展示设计的角度来说，对人体工程学的研究主要体现在两方面：一是展示设计中各种空间的尺度如何适应人体的需求；二是展示设计中尺度、色彩、光照等如何更好地适应人的视知觉。

人体工程学在展示设计中的主要作用如下。

1. 为人在展示活动中所需空间提供主要依据

影响空间大小、形状的因素很多，但最主要的因素还是人的活动范围以及家具设备的数量和尺寸。因此，在确定空间范围时，必须先清楚不同性别的成年人在立、坐、卧时的人体平均尺寸，还有人在使用各种展示道具、设备和从事各种活动时所需空间的体积。这样，一旦确定了空间内的总人数就能定出空间的合理面积与高度。这些要求都由人体工程学科学地予以解决。

2. 为展示道具的设计提供依据

展示道具是给人所使用的，所以道具的尺度、造型、色彩及其布置方式都必须符合人的生理、心理需求以及人体各部分的活动尺度，以达到安全、方便、舒适、美观的目的。例如，超市陈列架的设计，就应该考虑到人的手臂活动高度，以方便拿取商品（图 3-1）；如果是儿童玩具超市就应该以儿童的身体尺度为设计参照，展示架的高度也应该大大降低，所有展具都应该采用倒圆角、磨边等手段避免伤害儿童。

图3-1 陈列架的高度设计要考虑人的动态尺寸

3. 提供适应人体的室内物理环境的最佳参数

室内物理环境主要有热环境、声环境、光环境、视觉环境等，人体工程学可以为确定感觉器官的适应能力提供依据。人的感觉器官在什么情况下能够感觉到刺激物，什么样的刺激物是可以接受的，什么样的刺激物是不能接受的，进而为室内物理环境设计提供科学的参数，从而创造出舒适的展示环境。

3.2 展示设计中的人体尺寸要求

人体尺寸是人体工程学最基本的内容。环境和器具是为人服务的，也就必须在各种空间尺度上符合人体尺寸。人体尺寸一般是反映人体活动所占有的三维空间，包括人体高度、宽度和胸部前后径，以及各肢体活动时所占有的空间大小。而创造良好展示环境的重要原则，则是注重设计和人体尺寸上的关系。

3.2.1 人体尺寸

展示设计中的人体尺寸包括静态尺寸和动态尺寸。

1. 静态尺寸

人体静态尺寸是人体工程学研究中最基本的数据之一，它是人体处于固定的标准状态下测量的。人体的静态尺寸对与人体直接关系密切的物体有较大关系，如展具、服装、手动工具等。在设计中应用最多的人体结构尺寸有：身高、眼高、臀宽、肩宽、手臂长度、坐高、坐深等。我国于1989年7月开始实施《中国成年人人体尺寸标准》（以下简称标准）(GB/T 10000—1988)，它为我国人体工程学设计提供了基础数据。表3-1和表3-2为《标准》中的人体主要测量项目及尺寸摘录，可供设计时查阅。

2. 动态尺寸

人体动态尺寸又称人体功能尺寸，是人在进行某种功能活动时，肢体所能达到的空间范围，是被测者处于动作状态下所进行的人体尺寸测量。是确定室内空间尺度的主要依据之一。

动态人体尺寸分为四肢活动尺寸和身体移动尺寸两类。四肢活动尺寸是指人体只活动上肢或下肢，而身躯位置并没有变化。身体移动尺寸是指姿势改换、行走和作业时产生的尺寸。对于大多数的设计问题，人体动态尺寸可能更具有广泛的用途，因为人总是在运动着。表3-3中提供了我国成年人立姿和坐姿的动态尺寸标准数据。

表 3-1　我国成年人人体主要尺寸标准　　单位：mm

测量项目＼百分位数	男（18 ~ 60 岁）			女（18 ~ 55 岁）		
	5	50	95	5	50	95
① 身高	1583	1678	1775	1484	1570	1659
② 体重	48	59	75	42	52	66
③ 上臂长	289	313	338	262	284	308
④ 前臂长	216	237	258	193	213	234
⑤ 大腿长	428	465	505	402	438	476
⑥ 小腿长	338	369	403	313	344	376

表 3-2　我国成年人立姿人体尺寸标准　　单位：mm

测量项目＼百分位数	男（18 ~ 60 岁）			女（18 ~ 55 岁）		
	5	50	95	5	50	95
① 眼高	1474	1568	1664	1371	1454	1541
② 肩高	1281	1367	1455	1195	1271	1350
③ 肘高	954	1024	1096	899	960	1023
④ 手功能高	680	741	801	650	704	757
⑤ 胫骨点高	409	444	481	377	410	444

表 3-3　我国成年人人体动态尺寸标准　　单位：mm

测量项目＼百分位数	男（18 ~ 60 岁）			女（18 ~ 55 岁）		
	5	50	95	5	50	95
① 立姿双手上高举	1971	2108	2245	1845	1968	2089
② 立姿双手功能上高举	1869	2003	2138	1741	1860	1976
③ 立姿双手左右平展宽	1579	1691	1802	1457	1559	1659
④ 立姿双臂功能平展宽	1374	1483	1593	1248	1344	1438
⑤ 立姿双肘平展宽	816	875	936	756	811	869
⑥ 坐姿前臂手前伸长	416	447	478	383	413	442
⑦ 坐姿前臂手功能前伸长	310	343	376	277	306	333
⑧ 坐姿上肢前伸长	777	834	892	721	764	818
⑨ 坐姿上肢功能前伸长	673	730	789	607	657	707
⑩ 坐姿双手上举高	1249	1339	1426	1173	1251	1328

在现实生活中，人体的运动往往通过水平或垂直的一两种以上的复合动作来达到目标，从而形成了动态的“立体作业空间”。在展示设计中，研究作业空间的目的，正是为了掌握好尺度标准，使人机系统能以最有效、最合理的方式满足信息传达以及人与人、人与物的交流与沟通等不同层面的要求，最大限度地减轻人的生理与心理的疲劳度。

3.2.2　人体尺寸在展示设计中的运用

1. 人流通道的尺寸

一个人的肩膀宽约在 600mm 左右，所以要设计一条容纳两个人行走的过道就是 1.2m 宽，再考虑人走路时

的摇摆，过道的理想宽度应该是 1.3m。但是考虑到展示空间中人流量较大而且集中，所以通道应该至少有 2m 左右的宽度，否则会造成人流的堵塞。个别大型主通道可以设计到 3.5 ~ 7m，利于人流的疏导和紧急撤离。

2. 陈列密度

陈列密度是指道具和展品占展厅地面或墙面面积的百分比。密度过大时，给人心理上造成紧张感，容易使观众疲劳，也容易造成参观人流的堵塞。陈列密度过小时，则会使观众感到展厅太空旷、展览内容太贫乏。所以，展厅里墙面的陈列密度和地面的陈列密度，都不能过大，而应该适度，一般控制在 30% ~ 60% 之间较为适宜。

陈列密度的大小与展厅的跨度、净高有直接的关系，也受参观的视距、展品的陈列高度、展品的大小、展览会规模和观众的多少等因素的制约。展厅宽阔高大时，即使陈列密度为 60% 也不显得拥挤；如果展厅低矮狭小，同样的陈列密度，则会显得拥挤。如果参观的视距过小，展品又比较大，展品的陈列高度又过高或过低时，也会使人感到拥挤，不容易看到展品的全貌。展览的规模较大，观众也比较多时，陈列密度就应该小些，以免参观时拥挤和造成观众过早地疲劳。展厅空间高大宽阔、展品尺寸较小、观众不是很多时，陈列密度就可以大些。

3. 陈列高度

墙面和展板上的展品陈列地带，一般从距离地面的 0.8m 起上至 3.2m，因受观众参观视角的限制，陈列高度不宜超过 3.5m。通常陈列高度是在距离地面 0.8 ~ 2.5m 之间，大幅的照片或绘画可以挂在 2.2 ~ 3.5m 之间的高度上。

墙面和展板上的最佳展品陈列区域，是标准视线高度向上 0.2m 向下 0.4m 之间这个 0.6m 宽的横带。我国人体标准高度如果以 1.68m 计算（考虑到女性的身高），视高大约是 1.54m，那么参观的最佳高度范围大体上是距离地面 1.14 ~ 1.74m 之间。把重点的主要的展品（照片、实物、文字和图表等）放在这个参观最佳的高度范围内，最容易引起观众的注意，因此展示效果也最好（图 3-2）。

4. 展示道具尺寸

展示道具的尺寸设计要考虑到人的视高和触觉高度。例如，在服装卖场的展示环境中，经常用到的展示道具是陈列服饰的货架或货柜。为了让架中的展品方便拿取，货架的设计必须考虑到人体的垂直手握高度和眼睛的高度。由于在服装卖场经常分男装区和女装区，所以应该考虑到女性和男性人体尺寸的差异。我国女性人体计测平均高度为 1.65m，人眼睛的高度为 1.5m，人体的有效视线范围一般高

图3-2　绘画作品的陈列要考虑最佳高度范围

度是 49.5°，根据顾客在货架前常规的观看和角度，有效范围一般在 0.7 ～ 1.8m。根据这个数据，货架的设计应划分为三个区域：陈列空间（1.8m 以上），该区间取物不方便，一般用于服装或海报的陈列展示；主要陈列空间（0.7 ～ 1.8m），此处是顾客最容易看到和取物最方便的地方，可视为“黄金”区域，用于主要推荐的服装陈列空间；而 0.7m 以下的区域主要放置一些搭配的产品和储存的货品。这三个区域划分也同样适合其他展品的货架陈列（图 3-3）。

图3-3　食品货架的陈列分为三个区域

3.3　展示设计中的视觉要素

视觉是人类最重要的感觉、感知系统，是人们了解外部世界的最主要的感知工具，通过它可以观察外部世界的形状、大小、色彩、明暗、肌理、运动、符号等多方面的信息内容，并形成一个整体的视觉形象。展示设计作为一种视觉艺术，其信息的传达和沟通的程度取决于人们的视觉因素的运用。

3.3.1　视觉生理与展示设计

展示的过程实质上是一个信息传递的过程，设计师表面上是解决展示中功能与形式的关系，而实质上是解决展示的信息与人之间的关系。对视觉生理进行研究的目的是为了了解物质世界如何通过视觉生理的感知在人的心理上产生作用的过程，从而为展示设计方案提供科学的依据。

1. 视觉容量

人的视觉在一定的时间内所能容纳的信息量，称为视觉容量。人的视觉容量是有限的，在一定的时间内只能容纳少量的视觉客体。根据人的这一视觉生理特征，设计者要综合考虑视觉接收信息的能力和顾客在展示空间中停留的时间长短来合理布置信息量。所以在设计中应该尽量采用明确的信息符号。例如，具象的信息形态和直观的信息表达，从而加快视觉的认识速度；加大信息符号的体面积，采用大小、疏密、明暗等对比手法，提高视觉上的认知度。

2. 视角

视角是指被视物体的两端点光线投入眼球时的相交角度，与观察距离和所视物体两点距离有关。

视角越小，目标看得越清楚。因此，最重要的视觉信息应该安排在中心视角范围以内，如果被视物体不能保证在视角的中心位置上，最好采用加大面积或加长视距的方法来处理。

3. 视野

视野是人眼所能看到的空间范围。视野与视距成正比，视距越大，视野也越大。人眼最佳视野范围在视平线以下 10° 左右，视平线以上 10° 至视平线以下 30° 范围为良好视区，视平线以上 60° 度至视平线以下 70° 为最大视野范围。所以在空间造型中，有意识地让下半部大于上半部，会使视觉舒服。

4. 视觉运动规律

（1）视线水平移动比垂直移动快。因此，在布置展品时横向的水平陈列比竖向的垂直陈列更适合于观众的视觉移动规律，横向的流程路线也易诱导观看人流的移动，避免人流的堵塞。

（2）水平方向尺寸的判断比垂直方向准确。

（3）视线移动方向习惯上是从左至右，自上而下，这一规律主要是受书写阅读的影响而形成的。受这一规律的影响，一般认为如按重要程度将视区顺序排列，应为左上、右上、左下、右下。

3.3.2　视觉美感与展示设计

视觉美感属于美感中以视觉生理为基础的一种美感。一般来说，遵循形式美法则的设计都会给人带来视觉美感，相反，不注重形式美规律，不符合视觉生理功能要求的设计，都不会成为有视觉美感的设计。

形式美法则体现在展示设计中表现为对比与协调、对称与均衡、节奏与韵律、比例与尺度等方面（图 3-4）。例如，在展示空间运用重复的形式，使展品变得有连贯性，产生一种节奏感，从而起到引导消费者按顺序观看的目的；采用对称的手法来表现庄重、大方、稳定的展示风格；在反复和渐变构图要素中，突然出现不规则要素或不规则的组合，造成突变，给人以意想不到的效果。

图3-4　顶部造型呈现出一种节奏感

3.3.3　视觉形态与展示设计

直线、曲线、圆形、三角形以及矩形是最基础的设计视觉形态。

直线是展示设计中运用最广泛的视觉元素之一，使用得当的直线，会具有明确的视觉效果。

曲线的运用，能丰富整体效果，形成富于节奏和韵律的变化，改变由单纯直线造成的冷峻、严厉的气氛（图 3-5）。

圆形在展示空间中的运用，既可以是实心的盘状，也可以是空心的圆环，圆形的使用应当使整体的各个局部都能有效地和谐（图 3-6）。

三角形或多边形等形体的运用，可在展示设计中产生更丰富的视觉想象力与对比效果。

矩形在展示中实际上是两种形态，即长方形和正方形，不同大小的长方体与立方体的有机组合，可造成无数种变化形式，这也是展示设计中最常见的手法之一。

在展示设计中，还要注重这些基本视觉形态的组合的规律性。应该把视觉对象按照重复、渐变、对称、过渡、均衡等组织方法进行设计，帮助视、知觉能很快地确定视觉对象的基本面貌和构成规律。

图3-5 走廊两端设置了曲线肋材，为穿梭其中的人们带来“海浪”般的感受

图3-6 圆形的运用

3.4 展示设计中的心理特征

人们在认知客观物象的过程中，总会伴随着满意、厌恶、喜爱、恐惧等不同的情感，产生意愿、欲望与认同等心理定势特征。观众参观展示空间是一个信息认知和接受的过程，它关联着人的心理感受与反映。因此，展示设计不仅要充分体现展示目的和要求，同时还要对参展的受众及心理特征进行分析和研究。对受众的研究不仅可以有效地指导展示设计，而且对提升展示设计的效用是十分必要的。一般来说，受众的心理特征包括以下几个方面。

1. 猎奇性

人都有一种猎奇的心理，总是对有特色的东西感兴趣。根据人的这一心理，无论是橱窗还是展品的布置都要有自己的风格和特色，使展示能引人注目，令人过目不忘。在展示设计中的应用可以采用变异的手法，如改变比例大小，透视规律的反用，单一物体变异、夸张等。

2. 向光性

人都愿意走向明亮的区域，根据这一心理特征，在展场的橱窗、入口等区域的灯光可以比其他区域明亮些；如果展场的空间比较深，可以用明亮的灯光吸引人走向展场的深处。

3. 捷径效应

捷径效应是指人在穿过某一空间时总是尽量采取最简洁的路线。根据人的这一心理，在商业类展示设计中，就要避免让顾客走捷径直接穿过某一展厅，可在他所要走的捷径路线中设置矮的货柜，引导顾客走进展厅，绕展厅一圈之后再回到他的路径中。

4. 聚集效应

许多学者研究了人群密度和步行速度的关系，发现当人群密度超过 1.2 人 /m^2 时，步行速度会出现明显下降趋势。当空间人群密度分布不均时，则出现人群滞留现象，如果滞留时间过长，就会逐渐结集人群，这种现象称为聚集效应。在设计通道时，一定要预测人群密度，设计合理的通道空间，尽量防止滞留现象发生。

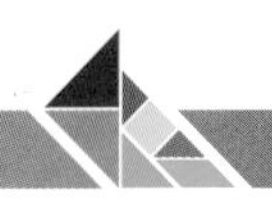

5. 边界效应

心理学家德克·德·琼治（Derk de Jonge）提出了“边界效应”理论，指出人们愿意停留在边界的区域，而宽阔的旷野或中间的宽阔空间却无人光顾。例如，在大的商场中，人们总是愿意绕着周边走，中间的区域很少去光顾，所以在展示设计中，要想办法让顾客走到商场的中间区域，可以在中间区域采用新颖的展具、道具或新款展品来吸引人们光顾。

思考题：

1. 什么是人体工程学？它在展示设计中的作用有哪些？
2. 人体尺寸的运用如何体现在展示设计中？
3. 展示设计中的视觉要素有哪些？
4. 在展示活动中，受众的心理特征体现在什么地方？

第4章
展示空间设计

展示空间设计是展示设计的核心内容，人们在展示活动中所需要接受的信息必须通过展示空间展现在公众面前，空间为我们的感知活动提供了场所，没有展示空间，我们将无法获得信息也无法实现与他人交流。

4.1 展示空间的分类

展示空间具有复合型、多义型的特征，展示空间的存在形式和分类命名具有多重性，同一形态、结构的空间，由于着眼点不同而具有多种称谓。下面从使用功能上和平面形式上做分类来具体谈谈。

4.1.1 从空间使用功能上分类

展示功能空间是指实现展示活动的最基本的场所，它主要由信息空间、公共空间、辅助空间组成。

1. 信息空间

信息空间是陈列展品的地方，包括模型、图片、音像、展柜、展架、展板、展台等物品，是展品陈列实际所占用的空间，是展示空间造型设计的主体部分(图4-1)。能否取得视觉效果，吸引观众的注意力，有效地传达信息，是信息空间设计的关键。由于展品在大小、形状、轻重、软硬、质地、颜色以及可塑性等方面有所不同，决定了展示中是否选用诸如垂直、水平、倾斜、固定、动态等展示空间样态，或是否选用展板、展柜、展架、展台等陈列方式。信息空间的大小和基本形式是由展品的性质、特征，以及大小、数量、操作或非操作和每天接待的观者数量决定的。

在信息空间的设计中，处理好展品与人、人与空间的关系十分重要。信息空间是为参观者设计，首先要考虑流动的和视觉的要求，故而必须把途径和目标的设定放在首位。因此，在保证一定的通道走廊的功能要求下，着重关注如何为参观者提供一个令人兴奋的信息场所，经历一次难忘的视觉感受或心理体验，是信息空间设计的重点。

2. 公共空间

公共空间也称共享空间，包括展示环境中的通道、走廊、休息间等场所，是供公众使用和活动的区域。从原则上讲。公共空间设计应考虑有足够面积，方便参观者进出或来回观看。同时，还应适当提供休息、小憩、驻足交谈和饮水的空间。

通道的设计是公共空间最重要的部分，它直接关系到观众是否能顺利观看、展品信息是否能有效传递的问题（图4-2)。因此，通道的设计要注意以下几点。

（1）要估算观众的流量、流速，以及人在观看时谈话、交流的基本状态。

（2）要考虑展品的性质和陈列方式，如展品的大小、平面或立体、是演示还是摆设、是欣赏还是游览等，以此来调节人流与通道的关系。

（3）注重主要展品的最佳视域、视角、视距通道的关系。避免主要展品前人群簇拥，造成通道的滞塞。

（4）设计科学合理的路径。如用最短、最有效的线路，减轻重复、绕道给观众造成的疲劳。另外，路线的设计也要具有清晰性和富有变化。

图4-1　NTT技术史料馆的信息空间

图4-2　通道引导参观者进入主展示区

3. 辅助空间

辅助空间指的是除信息空间和公共空间之外的空间，主要包括接待空间、储藏空间、工作人员空间、维修空间等。

(1) 接待空间。它是指供顾客与展商进行交流的空间（图 4-3）。在贸易洽谈会、展销会等展示活动中，接待空间的设置尤为重要，它体现了展商的一种主动、谦和及真诚与顾客交流洽谈的姿态，可唤起顾客了解展品的兴趣和欲望。这种空间常设在信息空间的结尾处，用与展示活动相统一的道具搭建，要求与展厅风格和谐统一。

图4-3　接待空间是汽车展示厅必不可少的

(2) 储藏空间。即储放展品、样品或宣传册等物品的空间。这种空间一般设在较为隐蔽、公众视觉不易注意到的地方，以不破坏展示的整体视觉效果为原则。

(3) 工作人员空间。是专为工作人员设置的空间。使他们能在此休息片刻，或整理一下衣装、喝杯咖啡等。

(4) 维修空间。无论是长期陈列还是临时性的展示活动，常有一些诸如仪器、机械、装备、模型以及灯箱、音响、电讯、照明等需要消耗能源的设备，这些设备除了要占有一定的空间外．还必须留有维修空间。维修空间应同公众空间和信息空间隔离开来，并建立安全措施，以防止噪声、电线、有害气体等对公众造成侵扰和损害。

4.1.2　从空间的平面形式上分类

展示空间的平面形式构成是根据展示面积的大小、周边的环境条件以及人流、通道和各展位的位置、展品陈列形式等情况，来进行综合考虑的。展示空间的平面形式构成分为以下几种类型。

1. 单向型空间

单向型空间是指展示围合空间只有一面向观众通道敞开的展位。一般多用于进深窄、开口少的空间里。展品陈列多为临墙布置或线形布置。展示的展品多为以展板、展墙布置的绘画、浮雕、摄影作品等，或运用三面观看的橱柜类陈设展品等。

2. 双向型空间

双向型空间是有两面或直角向两边观众通道敞开的，适宜于通道转弯角或十字形、丁字形通道交会处的展位（图 4-4）。在通道两面都摆放展品的形式也属双向型空间类型，通过在通道中的行走，人们可同时观看到两边的展品。

3. 环岛型空间

环岛型空间是指四面敞开，观众可环绕参观，适宜于展场中央的展位（图 4-5）。其结构可以是双层或多层，造型尺度、规模一般较为宏大，且形态、风格各异，常常同比邻的展示形式形成对比、竞争之势，以各自的优势吸引观者，较符合现代展示观念和人们的观赏心理需要。

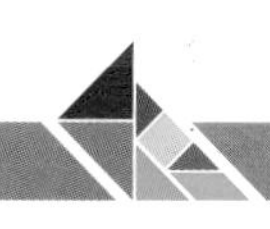

图4-4　拐角处的双向型空间

图4-5　环岛型展位容易形成视觉中心

4. 半岛型空间

半岛型空间是指围合空间三面向通道敞开，适宜于三面或周围都有空间的展位。该形式容易构成某种舞台景观并成为视觉中心。

5. 内向型空间

内向型空间大多由展区的一间屋子或几个标准展示摊位围合构成。该空间的精彩之处不在于围合的外观，而在其内部。这种空间形式比较容易管理或监控，但突出的问题是如何吸引观众进入此空间。该空间具有内向性、拒绝性特征，封闭的界面围合不易向外传递信息，其内部也会给人压抑和沉闷之感。解决的办法是增加界面开口部或通过透明的隔断界面，强化内部与外部的交流、渗透；或是在入口处作明显的导向性标牌和艺术化处理，以吸引观众产生入内观看的兴趣。

6. 外向型空间

外向型空间（也称敞开式空间）的各个界面都向外敞开，淡化限定性或私密感，而强调空间的流动性和渗透性，讲究对景、借景或与周围环境的交流，使各个方向都能充分吸引观者的注意力。让观众可远、可近、可局部、可整体、可环绕四周、可穿梭其中央，全方位地接受展示的信息。这种空间形式具有尊重、信赖、友善的意味，使人产生自由、宽松、随意的心理。但该空间的主要问题是较难进行管理、监控。

4.2 展示空间设计的手法

4.2.1 单一空间的形式处理

1. 空间的形状与比例

不同形状的空间会使人产生不同的感受，在选择空间形状时，必须把功能使用要求和精神感受要求统一起来考虑。矩形空间在实际中应用广泛，空间长、宽、高的比例不同，形状也可有多种多样的变化。但过多地使用矩形空间会产生单调感，因此在不影响使用功能的前提下，可采用其他形状的空间形式如拱形、圆形、多边形等来丰富展示环境（图 4-6）。

图4-6 圆形平面的展示空间新颖独特

国际通用的标准展位为矩形平面，常见的有 3m × 3m、3m × 4m 和 3.4m × 3.6m 等，由铝合金的梅花柱和铝扁件，夹装式标准展板等设施构成隔墙，围合成一个小空间。在这样的小空间中，安排展台和版面等，形成一个小的展示空间；或安置接待用的桌椅等形成一个接待和洽谈的空间。开口处的楣板上还可以张贴参展公司的名称或标志。这种小空间的设计，必须坚持标准化的原则，统一在大空间的整体风格之中。

2. 空间的体量与尺度

展示空间的体量与尺度应该与展示的使用性质相一致。过小或过低的空间将会使人感到局促或压抑，因此对于功能的要求，展示活动空间一般都具有较大的面积和高度，只要实事求是地按照功能要求来确定空间的大小和尺寸，一般都可以获得与功能性质相适应的尺度感。

4.2.2 多空间组合的处理

1. 空间的组合方式

任何展示空间的组织都应该是一个完整的系统，各个空间以某种结构方式联系在一起，既要有相互独立又相互联系的各种功能场所，还要有方便快捷、舒适流畅的流线，形成一种连续、有序的有机整体。空间的组合方式有多种，选择的依据除了考虑建筑本身的设计要求外（如功能分区、交通组织和采光通风等），建筑基地的外部条件和周围环境条件也是考虑的因素。常见的空间组合方式有并列式、集中式、线型式、辐射式、组团式、轴线对位式和庭院式等（图 4-7）。

2. 空间的分隔与划分

展示场馆里的空间如何科学、合理的使用是设计的关键。常见展示空间的分隔与划分方法如下。

（1）利用非承重构件进行分隔。如利用轻质隔断、玻璃隔断和帷幔等，根据具体使用要求对空间进行分隔（图 4-8 和图 4-9）。

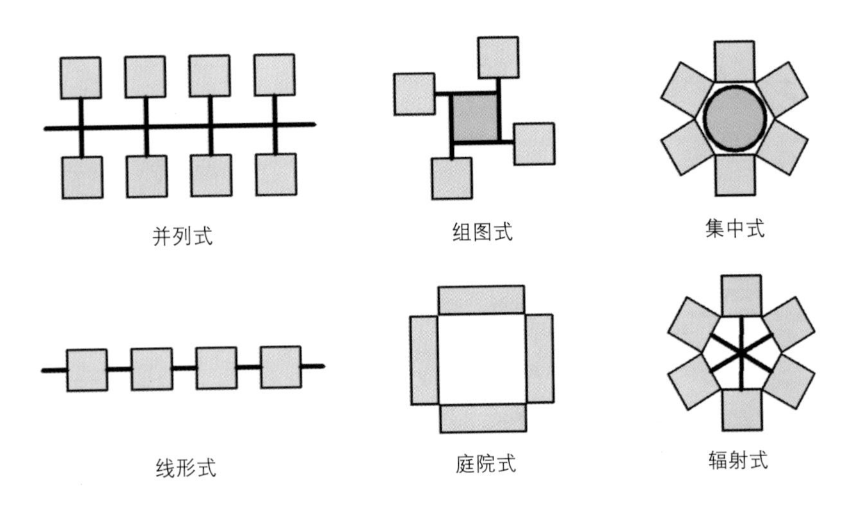

图4-7　空间组合方式

图4-8　细珠帘分隔的空间若有若无

图4-9　排列的细金属杆分隔空间

(2) 利用展具、展架等进行分隔。如利用展柜、展台、道具、桌椅和屏风等非固定的分隔手段来自由划分空间（图 4-10)。如展览活动中常利用展板、展台来分隔空间；大商场的营业区常利用货架进行分隔。

(3) 利用水平面高差进行分隔。方法有两种：一是通过压低次要空间顶棚高度来突出主要空间；二是局部抬高或降低某一部分地面来改变人们的空间感（图 4-11)。这种分隔方式形成虚拟空间，强调了空间的流通性。现代展示设计中常采用这种分隔方法来强调或突出某部分空间。

(4) 用绿化或灯光照明设施分隔。摆设花木盆栽，既分隔了展示空间，又美化了展示环境，营造了轻松愉悦的观展氛围，适用于较大展示空间的分隔。利用灯光照明设施来分隔空间显得很自然，又兼具辅助展示的作用，艺术性较强（图 4-12)。

(5) 利用地面不同色彩或材质进行分隔。利用地面材料的不同色彩与质感来分隔空间是一种简单易行的方法,但形成的空间感较弱 (图 4-13)。

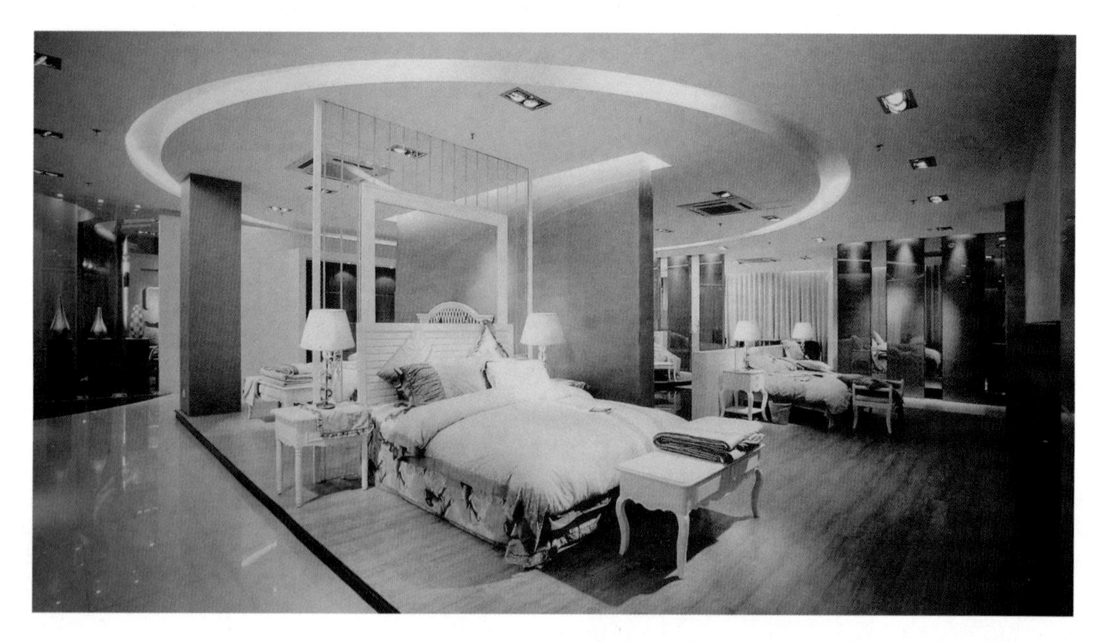

图4-10 黄色的屏风起到分隔空间的作用

图4-12 灯光照明形成明显的中心区域

图4-11 抬高的地面限定出一个展示区域

图4-13 深色的玻化砖地面限定出电梯前室空间

3. 空间的对比与变化

在展示空间环境中，两个毗邻的空间，如果在某一方面呈现出明显的差异，借这种差异性的对比作用，将可以反衬出各自的特点，从而使人们从这一空间进入另一空间时产生情绪上的突变，来丰富空间体验。空间的对比与变化处理通常表现在四个方面。

（1）高大与低矮。相毗邻的两个空间，若体量相差悬殊，当由小空间进入大空间时，可借体量对比而使人的精神为之一振。我国古典园林建筑所采用的“欲扬先抑”的手法，实际上就是借大小空间的强烈对比作用而获得小中见大的效果。常见的形式是：在通往主体大空间的前部，有意识地安排一个极小或极低的空间，通过这种空间时，人们的视野被极度地压缩，一旦走进高大的主体空间，视野突然开阔，从而引起心理上的突变和情绪上的激动和振奋。

（2）开敞与封闭。在展示空间中，开敞的空间和封闭的空间是相辅相成的，前一种空间较明朗，与外界的关系较密切；后一种空间较暗淡，与外界较隔绝。当人们从封闭的空间走进宽敞的空间时，必然会因为强烈的对比作用而顿时感到豁然开朗。

（3）不同形状之间对比。不同形状的空间之间也会形成对比作用，虽然较前两种形式对人的心理影响要小一些，但至少可以达到求得变化和破除单调的目的。空间的形状往往与功能有密切的联系，因此，利用功能的特点，并在功能允许的条件下适当地变换空间的形状，从而借相互之间的对比作用以求得变化。

（4）不同方向之间对比。 室内空间多以矩形平面的长方体形式出现，若把这些长方体空间纵、横交替地组合在一起，也可借其方向的改变而产生对比作用，达到破除单调而求得变化。

4. 空间的衔接与过渡

在展示设计中，如果两个大空间以简单化的方法直接连通，常常会使人感到单薄或突然，致使人从前一个空间走进后一个空间时，印象十分淡薄。倘若在两个大空间之间插进一个过渡性的空间（如过厅），它就能够像音乐中的休止符或语言文字中的标点符号一样，使之段落分明并具有抑扬顿挫的节奏感。

过渡性空间本身没有具体的功能要求，它应当尽可能地小一些、低一些、暗一些，只有这样，才能充分发挥它在空间处理上的作用。使得人们从一个大空间走到另一个大空间时必须经历由大到小，再由小到大；由高到低，再由低到高；由亮到暗，再由暗到亮等这样一些过程，从而在人们的记忆中留下深刻的印象。

过渡性空间的设置必须看具体情况，并不是说凡是在两个大空间之间都必须插进一个过渡性的空间，那样不仅会造成浪费，而且还可能使人感到繁琐和累赘。过渡性空间的形式是多种多样的，它可以是过厅，但在很多情况下，特别是在近现代建筑中，通常不处理成厅的形式，而只是借压低某一部分空间的方法来起到空间过渡的作用。

5. 空间的渗透与层次

在进行现代展场的整体设计时，有意识地让空间互相联系、彼此渗透、虚实相映，可增强空间的层次感。中国古典园林建筑中“借景”的处理手法就是一种空间的渗透。“借”就是把远处的景物引到近处来，使人的视线能够越出有限的屏障，由这一空间而及于另一空间或更远的地方，从而获得层次丰富的景观。

现代展示设计由于运用新材料、新技术，分隔空间的手段更加灵活，空间互相连通、贯穿、渗透，呈现出极其丰富的层次变化。常见的手法如下：

（1）利用点式结构来分隔空间，如列柱、连续的拱券等手段都可以创造空间的流通与渗透，并具有强烈的韵律感。

（2）利用玻璃等透明材料来分隔空间，保持了视觉的连续性（图 4-14）。

（3）利用透空的隔断来分隔空间，例如在墙上开洞口或窗口、通透的栏杆等形式，保证了空间的流通性与层次感。

图4-14　蓝色透明PC耐力板保持了视觉的连续性

6. 空间的引导与暗示

在大型的展示设计中，需要采取措施对人流加以引导或暗示，从而使人们可以循着一定的途径而达到预定的目标。这种引导和暗示不同于路标，而是属于空间处理的范畴，处理得要自然、巧妙、含蓄，能够使人于不经意之中沿着一定的方向或路线从一个空间依次地走向另一个空间。空间的引导与暗示有以下几种处理方式。

(1) 以弯曲的墙面把人流引向某个确定的方向，并暗示另一空间的存在。这种处理手法是以人的心理特点和人流自然地趋向于曲线形式为依据的。通常所说的“流线型”，就是指某种曲线或曲面的形式，它的特点是阻力小、并富有运动感。面对一条弯曲的墙面，将不期而然地产生一种期待感——希望沿着弯曲的方向而有所发现，而将不自觉地顺着弯曲的方向进行探索，于是便被引导至某个确定的目标（图 4-15）。

图4-15　购物者跟随红色纤维玻璃丝带进入商店主体部分

(2) 利用特殊形式的楼梯或特意设置的踏步，暗示出上一层空间的存在。楼梯、踏步通常都具有一种引人向上的诱惑力。某些特殊形式的楼梯如宽大开敞的直跑楼梯、自动扶梯等，其诱惑力更为强烈，基于这一特点，凡是希望把人流由低处空间引导至高处空间，都可以借助于楼梯或踏步的设置而达到目标（图 4-16）。

(3) 利用天花、地面处理，暗示前进的方向。通过天花或地面处理，而形成一种具有强烈方向性或连续性的图案，这也会左右人前进的方向。有意识地利用这种处理手法，将有助于把人流引导至某个确定的目标（图 4-17）。

图4-16　楼梯暗示了上层还有展示空间

图4-17　地面图案具有强烈的指引性

（4）利用空间的灵活分隔，暗示出另外一些空间的存在。视线的流通性，使人们对另一空间有探知的愿望，利用这种心理状态，有意识地使处于这一空间的人预感到另一空间的存在，则可以把人由此空间引导至彼空间。

7. 空间的序列与节奏

大型的展示空间如艺术馆、博物馆的设计需要具有统摄全局的空间处理手法，即考虑空间序列的组织与节奏。人们在参观时是一个连续行进的过程，从一个空间走到另一个空间，才能逐一地看到它的各个部分，从而形成整体印象。这涉及空间变化和时间变化的因素。组织空间序列的任务就是要把空间的排列和时间的先后这两种因素有机地统一起来。当人们沿着一定的路线看完全过程后，能够感到协调一致，又充满变化，且具有时起时伏的节奏感，从而留下完整、深刻的印象。

沿主要人流路线逐一展开的空间序列必须有起、有伏，有抑、有扬，有一般、有重点、有高潮，如同一曲悦耳的交响乐般，有鲜明的节奏感。高潮是一个空间序列最精彩的部分，没有高潮必然显得松散而无中心，难以引起人们情绪上的共鸣。高潮形成的方法是：首先，要把体量高大的主体空间安排在突出的位子上；其次，还要运用空间对比的手法，以较小或较低的次要空间来烘托和陪衬它，使它足够突出，成为控制全局的高潮。

与高潮相对立的是空间的收束。在适当的地方可以插进一些过渡性的小空间，既可以起空间收束的作用，同时也可以借它来加强序列的抑扬顿挫的节奏感，在人流转折的地方尤其需要认真地对待。在这些地方，应当运用空间引导与暗示的手法提醒人们方向的转变，并明确地指示出继续前进的方向。这样才能使弯子转得自然、保持序列的连贯性而不致中断。

空间序列组织实际上就是综合地运用对比、重复、过渡、衔接、引导等一系列空间处理手法，把个别的、独立的空间组织成为一个有秩序、有变化、统一完整的空间群体，从而丰富人们对展示空间环境的体验。

4.2.3 空间的界面处理

空间是由界面围合而成的，界面由天花、地面、墙面组成，处理好这三种要素，不仅可以赋予空间以特性而且还有助于加强它的完整统一性。

1. 天花

天花作为空间的顶界面——最能反映空间的形状及关系。在某些展示空间里，单纯依靠墙或柱，很难明确地界定出空间的形状、范围以及各部分空间之间的关系，但通过天花的处理则可以使这些关系明确起来。

天花的处理，在条件允许的情况下，应当和结构巧妙地相结合。例如在一些传统的建筑形式中，天花处理多是在梁板结构的基础上进行加工，并充分利用结构构件起装饰作用（图 4-18）。现代建筑所运用的新型结构，有的很轻巧美观，有的其构件所组成的图案具有强烈的韵律感，这样的结构形式即使不加任何处理，也可以成为很美的天花（图 4-19）。

图4-18 天坛龙凤藻井

图4-19　北京金融街购物中心顶棚钢结构

天花的处理比较复杂，这是由于天花和结构的关系比较密切，在处理天花时不能不考虑到结构形式的影响。另外天花的设计要满足设备布置的要求。展示空间顶棚上各种设备布置集中，如中央空调、消防系统、强弱电等错综复杂，设计时必须综合考虑，妥善处理。同时，还应协调好通风口、烟感器、自动喷淋器、扬声器等与顶棚面的关系。

2. 地面

地面作为空间的底界面，是以水平面的形式出现的。由于地面需要用来承托展具、设备和人的活动，因而其显露的程度是有限的，从这个意义上讲地面给人的影响要比天花小。

展示空间的地面一般使用地砖、花岗岩、化纤地毯、复合地板等耐磨、耐腐蚀、防滑的材料（图 4-20 和图 4-21）。地面图案设计可分为三种类型：一是强调图案本身的独立完整性；二是强调图案的连续性和韵律感；三是强调图案的抽象性。地面设计要取得良好的效果，则必须根据空间平面形状的特点来考虑其构图和色彩，只有使之与特定的平面形状相协调一致，才能求得整体的完整统一。

为了适应不同的功能要求可以将地面处理成不同的标高，巧妙地利用地面高差的变化来达到特殊的效果。

3. 墙面

墙面作为空间的侧界面，是以垂直面的形式出现的，对人的视觉影响至关重要。墙面的处理包括门窗、孔洞、隔断、灯具、线脚、细部装饰等，只有作为整体的一部分而互相有机地联系在一起，才能获得

图4-20　玻化砖地面光洁高雅

图4-21　日本职业女性未来展馆的地面复合地板使空间显得温馨舒适

完整统一的效果。一般情况下，低矮的墙面多适合于采用竖向分割的处理方法；高耸的墙面多适合于采用横向分割的处理方法。横向分割的墙面常具有安定的感觉；竖向分割的墙面则可以使人产生兴奋的情绪。

墙面的状态直接影响到空间的围、透关系：四面都是墙壁则空间封闭，给人阻塞、沉闷的感觉，四面通透则空间开敞，给人舒畅、明快的感觉。展示空间中，围与透应该是相辅相成的，只围不透的空间会使人感到憋闷；只透不围尽管开敞，但内部空间特征却不明显了，难以满足应有的使用功能。因此在设计时要把握好围与透的度，根据具体使用性质来确定围透关系。

通过墙面处理还应当正确地显示出空间的尺度感。也就是使门、窗以及其他依附于墙面上的各种要素，都具有合适的大小和尺寸。否则会造成错觉、并歪曲空间的尺度感。

4.3　展示空间的艺术风格

展示空间的艺术风格，是展示总体设计的基础。为了保持功能设计的完整性和连续性，形式多样化与风格的统一性，在展示设计初期就必须事先确立展示的主题风格，这在大型会展的设计过程中尤为重要。大型展示设计的风格，是建筑在深厚的文化底蕴之上的，必须挖掘展示地的文化特点以及展品的文化背景，无论是灯光、色彩、音乐、图片、展品设计，还是服务人员素质，都与文化背景的亮点渲染发生联系。在这些错综复杂的联系中，寻求一个共同的支点，独特的风格便会油然而生。展示空间常见的艺术风格归纳为以下几种。

1. 道具的国际标准化风格

该风格是采用标准化、规范化的轻质铝材展架和复合板组合构成的展示空间。常用展架为 K8 系列、三通插接式和球节展架系统等，展示的标准摊位为 3m × 3m、3m × 4m、3m × 5m 和 6m × 6m 等规格，其高度在 3.5 ~ 4m 之间，属典型的现代主义国际通用风格（图 4-22）。具有布展方便、拆装便捷、储运简便等优点，通常是由展览公司采用租赁式经营和运作。缺点是形式单一，布展风格平淡无奇，不容易创造独特的视觉个性。

2. 展示建筑化风格

此种风格的展示空间具有几何形体量的形态、富有视觉冲击力的超常尺度和富于个性特征的造型

与色彩。其特征表现为结构形式特殊，材料采用轻钢骨架或网架与复合材料相结合，色彩单纯明快，具有较高的审美时尚性、较强的视觉感召性。此类风格常见于大型博览会、展览会、交易会、商场和超市等。

图4-22　2007年中艺博国际画廊博览会

3. 展示形象的统一化风格

此种风格主要表现在各类品牌专卖店、专卖柜等形象空间中，体现了 CIS 企业形象设计的展示应用(图 4-23)。国际博览会、区域展览交易会的参展商摊位形象也是其 CIS 战略形象的一部分。因此，企业形象的标准化图形、字体、色彩等要素与特装结构的道具或店面装修一起构成了富于独特个性、标新立异的统一性、系统化风格。

图4-23　CHANEL品牌专卖店设计

4. 空间构成的高科技风格

此种风格是利用工业结构技术与材料、高新科技与媒体等构成的空间艺术，体现了高科技的形式美感。例如法国巴黎的蓬皮杜文化艺术中心，将钢构架、通风、电器、电梯等设施完全暴露于建筑的外立面，体现了结构与技术的美感，是展示领域借鉴的典范（图 4-24 和图 4-25）。有些橱窗展示则根据展品特征充分利用高新科技与媒体技术。现代电脑多媒体技术、声像大屏幕技术、背景音乐技术、激光造型技术等的广泛应用，创造了形式多样的展示空间高科技风格。

图4-24 巴黎蓬皮杜文化艺术中心外观

图4-25 巴黎蓬皮杜文化艺术中心展厅

5. 展示陈列的生活化风格

此风格是采用专题式陈列，将各式各样展品通过特定场景进行组合。例如“夏令营”主题的橱窗陈列，即可把与之相关的童装、鞋帽、文具、渔具等同时陈列；再如家具城的“客厅家具”，除把沙发、电视柜、鞋柜等相关家具按照使用方式陈设外，整个展示环境还配以家电、灯具、茶具、杂志，以及墙上的装饰画等，营造了一个真实的居家环境，顾客走入这样的展示空间，必然对展示的商品产生认同感和亲切感（图 4-26）。

6. 陈列形式的戏剧化风格

这种风格是以展品道具、模特人或图像组合而获得戏剧化情节、戏剧化场面与戏剧化舞台效果。这种戏剧性的表现，可以真实再现某些特定的环境，多见于博物馆、纪念馆、风情民俗展、科技馆等展示活动中（图 4-27）。

图4-26 洁具的展示需要生活化的场景来衬托

图4-27 民俗展示厅

4.4 展示空间设计的基本原则

展示艺术与空间是密不可分的，甚至可以说展示艺术就是对空间的整体组织、合理利用。在展示空间设计过程中，一般遵循以下几个基本原则。

1. 合理地安排观众的参观流线

展示空间人流的路线设定，要有明确的顺序性，短而便捷的构成形式。要让观众按顺序参观整个展览，尽量避免观众形成相互对流或重复穿行的现象。参观流线的方向，通常是按视觉习惯由左至右按顺时针方向延展的，但也要考虑展厅的建筑空间与设计的特点。

参观流线的设计大致可分为直线型和环线型。直线型即空间的入口和出口在不同的两侧，适合狭长的空间，是比较简单的流线形式，图 4-28 是常见直线型的几种形式。环线型即空间的入口和出口在同一侧，环线流动的展区，布局比较复杂，图 4-29 是常见环线型的几种形式。

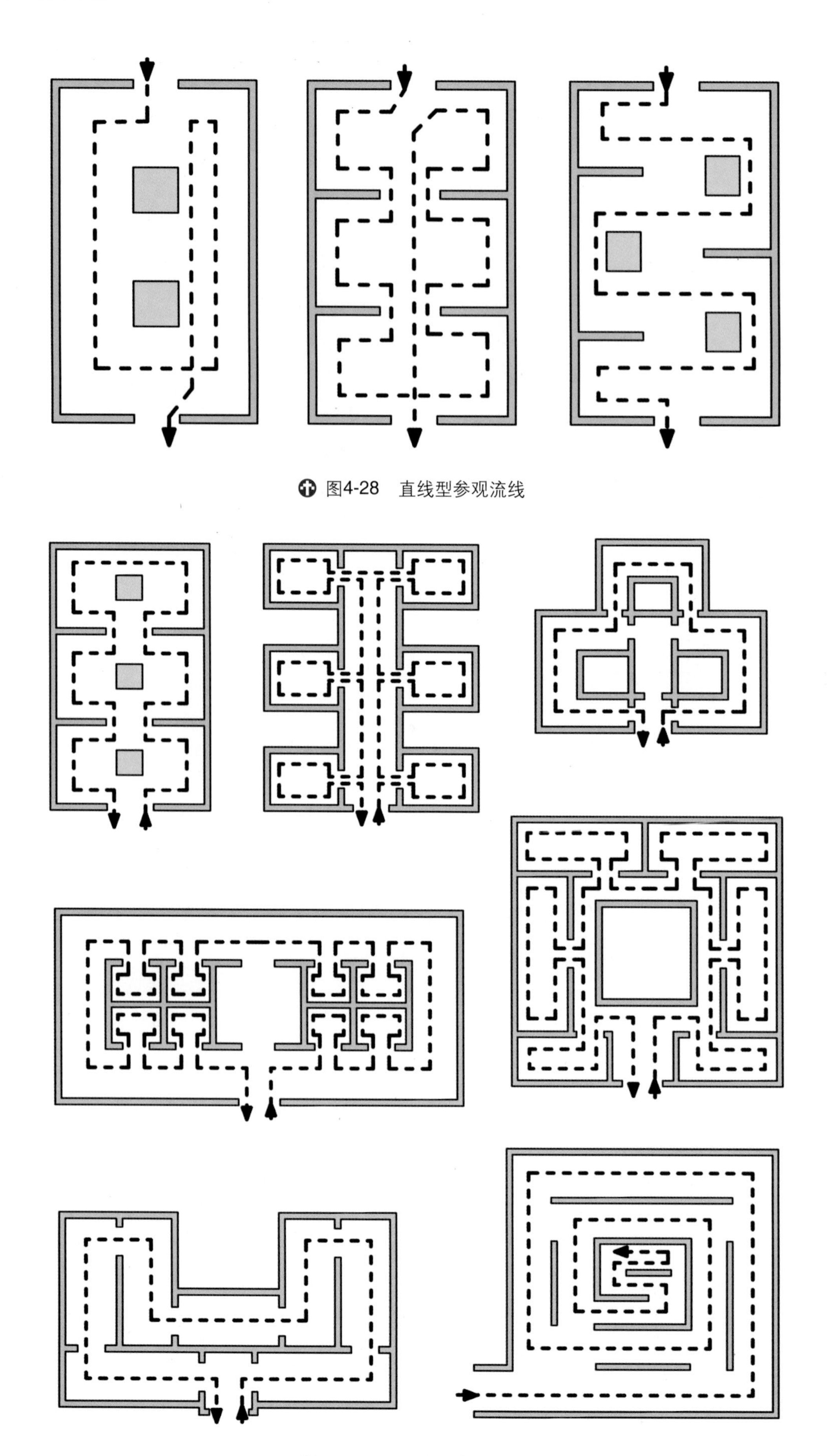

图4-28　直线型参观流线

图4-29　环线型参观流线

2. 采用动态化的空间展示形式

展示空间具有很强的流动性，所以在空间设计上采用动态的、序列化的、有节奏的展示形式是首先要遵从的基本原则。人在展示空间中处于参观运动的状态，在运动中体验并获得最终的空间感受。这就要求展示空间必须以最合理的方法安排观众的参观流线，使观众在流动中完整地、经济地介入展示活动，在空间处理上做到如音乐旋律般流畅，抑扬顿挫分明有致，使整个设计顺理成章。例如西班牙巴塞罗那博览会的德国馆，设计师采用灵巧的围透划分手法，以不断变化着的空间导向，使整个空间的展示形式流畅、有节奏，让人们在不断变换的视觉构图中欣赏到全方位的空间。

3. 以最有效的空间位置展示展品

展品是展示空间的主角，以最有效的场所位置向观众呈现展品是划分空间的首要目的，也是能否做成一个成功展示设计的关键。逻辑地设计展示秩序、编排展示计划，对展区的合理分配是利用空间达到最佳展示效果的前提。设计师必须将空间问题与展示内容结合起来进行考虑，不同的展示内容有与之相对应的展示形式和空间划分。例如，商业性质的展示活动要求场地较为开阔，空间之间相互渗透以便互动交流，展品的位置要显眼。对于那些展示视觉中心点如声、光、电、动态及模拟仿真等展示形式，要给以充分的、突出的展示空间，以增强对人的视觉冲击，给观众留下深刻的印象。

4. 在空间设计中充分考虑人的因素

人赋予了展示空间的第四维性，使它从虚幻的状态通过人在展示环境中的行动显示出实在性，同时人在对这种空间的体验过程中，获得全部的心理感受。因此，“人”是展示空间最终服务的对象，展示设计需要满足人在物质和精神上的双重需求，人类需要舒适和谐的展示环境，信息丰富的展示内容等。这就需要设计师仔细地分析参观者的活动行为并在设计中以科学的态度对人体工程学给以充分的重视，使展示空间的形状、尺寸与人们在空间中行动和感知的方式之间有恰当的配合。

5. 保证整个展示空间的安全性

考虑好辅助空间的处理是顺利完成整个展示活动的保障。在一些大型的展示活动中，可能包括各种仪器、机械、装备等需要消耗能源的设备。支持这些设备运行的辅助设施也都需要占据一定的空间，必须考虑将这些空间与展示环境隔离开，以防止噪声、有害气体污染，并做好安全防范。此外，参观流线的安排必须设想到各种可能发生的意外因素，如停电、火警、意外灾害等，考虑到相应的应急措施。在大型的展示活动中，要有足够的疏散通道和应急指示标志、应急照明系统等。展示空间设计还要考虑到观众的通行、休息的方便，尽可能地考虑到伤残者的特殊需求，以谋求“无障碍”设计，这也是现代展示设计发展的一个趋向。

思考题：

1. 从空间使用功能上看，展示空间分为哪几类？
2. 多空间组合的处理有哪几种艺术手法？
3. 展示空间常见的艺术风格有哪几种？
4. 展示空间设计的基本原则是什么？

第 5 章
展示道具设计

展示道具是展示活动中使用的器具，是进行展品陈列的物质和技术基础。一方面它具有可安置、维护、承托、吊挂、张贴等陈列展品所必备的形式功能，同时也是构成展示空间形象、创造独特视觉形式的最直接的界面实体。因此，展示道具设计是展示设计的重要组成部分。

5.1 展示道具的功能

展示道具的功能，可归纳为以下几种。

1. 突显展品

展示的作用，就是要突出展品，达到宣传目的，因此对展品的衬托相当重要。例如，服装类要有展架或人造模特儿（图 5-1）；黄金首饰等贵重商品要有专用展柜；交通工具如轿车可采用旋转展台等。有了合适的展具，才能让展品各得其所，各展异彩。因而展具的最基本功用就是支承、衬托和突显展品。

2. 营造展示环境

营造一个好的展示环境，对展品的宣传至关重要。如把精美家具布置在屏风围成的“家庭“环境中（图 5-2），文房四宝摆放在有书桌、画屏的小环境里，旅行背包挎在人造模特身上等，都是常见的例子。创造这类展示环境，要靠展示道具，只堆放展品而无适当环境烘托的展览，难以起到良好的展效。

图5-1　形态各异的服装模特儿

图5-2 各种软装饰是家具展示必不可少的道具

3. 介绍展品

展品的说明标牌、展品性能或操作使用过程的演示屏幕等展示道具的作用就是介绍展品。这类介绍方式直观、生动、形象化，比工作人员的口头介绍更深刻，更容易理解。

4. 提供参观条件

有的展品需要特制展台，有的展位需要特设栏杆，标出展位和参观路线要有引导指示牌或灯箱等，这些为参观者服务的展示道具，也是展示环境中必不可少的（图 5-3）。

图5-3 长沙马王堆博物馆内的指示牌

5.2 展示道具的分类

展示道具若按结构形式分，可分为整体固定式与拆装式两大类；若按使用价值分，可分为临时性与永久性展示道具；若按用途分，可分为展架、展柜、展台、展板以及道具辅助设施，如栏杆、方向标牌和说明牌等。

5.2.1 展架

展架是用于吊挂、承托展板，或拼联组合展台、展柜等的骨架。展架也可直接作为构成摊位的隔断、顶棚及其他作用，是现代展示活动用途较广的道具之一。

从 20 世纪 60 年代起，世界各国举办展览会非常频繁，为适应其发展需要，一些发达国家就开始研制和生产各种拆装式和伸缩式的展架系列，推出许多新型展具，为现代的各种展示活动提供了方便。利用拆装式的展架体系，不仅可以方便地搭成屏风、展墙、格架、摊位、展间以及装饰性的吊顶等，而且可以构成展台、展柜及各种立体的空间造型。

国际上多采用铝锰合金、锌基铝合金、不锈钢型材、工程塑料、玻璃钢等材料来制造展架管件、接插件、夹件等；用不锈钢、弹簧钢、铝合金、塑料和橡胶等材料来制造其他小型零配件。拆装式展架具有质轻、强度大、拆装便捷的组合式特点。

可拆装的组合式展架，其结构设计应该科学合理、安全可靠、坚固耐用、拆装方便。一般采用标准化和系列化设计，按照一定的模数制来确定管（型）材的长度尺寸，构件（连接件）的公差配合要精度高，能做多种组合变化。组合式展架根据需要可任意镶嵌夹固展板、玻璃、裙板，而组合构成展台、展柜、隔墙、屏风等，并可外加导轨射灯或夹装射灯以及围护栏杆等。

从结构和组合的方式上看，展架体系可分为四大类。

（1）由管（杆）件与连接件相配合组成的多种拆装式。

① 插接组合式，最初为简单的连接件，此后发展为多向插头构件，其插头有一定的锥度或用弹簧卡口紧固，通过插入管件再以螺钉加固而构成展架。

② 沟槽卡簧式，沟槽卡簧式展架的框架为有沟槽的异型合金或复合塑料管材制成。垂直框架设有多个沟槽，上下水平方向的框架多为两面开槽，用以夹装展板或玻璃，可构成展台、展柜和展架。管架两端内设有卡簧，旋紧螺钉，使卡簧钩紧沟槽边沿而构成展架（图 5-4）。

③ 球节螺栓固定式，如德制“MERO”系统的连接球节有 21 个棱面，每个面上有一个螺眼，管件的两端有套筒和可以移动的螺栓，螺栓旋入球节上的螺眼中固定。使用这种系统可以组成展柜、展台、展架、网架、隔断等多种形式的道具（图 5-5）。

图5-4　沟槽卡簧式

图5-5　球节螺栓固定式

（2）由网架与连接件组成的拆装式（图 5-6）。

图5-6　拉网展架

(3) 用连接件夹连展板(或玻璃等板状物)的夹连系统。

(4) 可以卷曲或伸缩的整体折叠系统(图 5-7)。

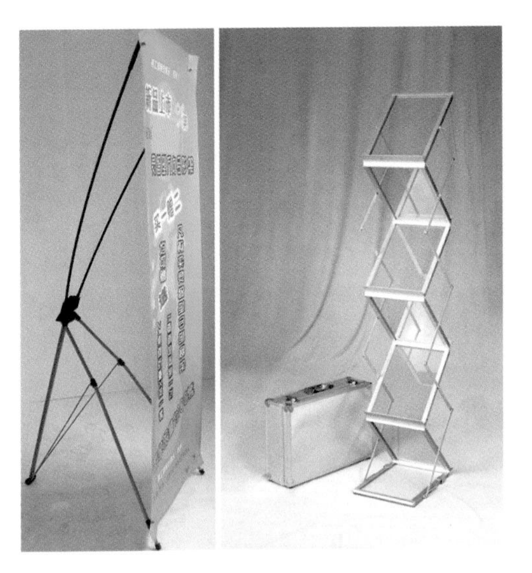

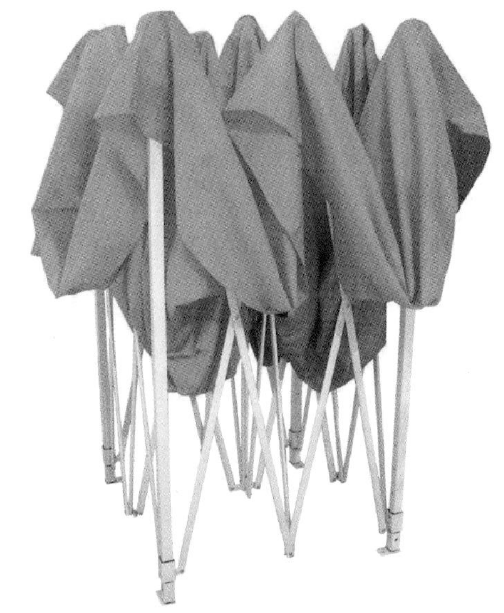

图5-7 整体折叠展架

5.2.2 展柜

展柜是保护和突出展品的重要道具,包括高展柜、矮展柜、流水式展橱、布景箱和保护罩等多种。

1. 高展柜

高展柜分靠墙的单面式和厅中的独立式两种,多采用装配式。直立的构件和水平构件上有槽,可插玻璃;没有槽沟时,则用弹簧钢卡子夹装围护玻璃(图 5-8)。高展柜靠墙放置时,靠墙那面可装背板。若置于展厅中央,四周一般需装配玻璃。根据需要,可在展柜顶部增设筒形射灯,或在侧面设置日光灯管,使展柜内照明充分,还可在展柜顶部设置灯箱增强其展示效果。

2. 矮展柜

矮展柜分斜面柜和平面柜两种。斜面柜分单面斜和双面斜两种,单面斜柜靠墙放置,双面斜柜可独立于展厅中央,方便两面观看。新型拆装式矮展柜,多为沟槽式骨架或插接式骨架结构。

3. 流水式展橱

流水式展橱多用在博物馆陈列中,有的是固定式,有的是分段组合式。流水式展橱相比较单个展柜,能给人以完整、连贯和开敞的感受,为了营造轻巧感和不妨碍观赏视线,连接相邻玻璃的垂直构件(木条或铝柱)应该尽量少些和纤巧些(图 5-9)。

图5-8 玻璃高展柜

图5-9　流水式展橱

5.2.3　展台

展台是承托展品实物、模型、沙盘和其他装饰物的道具，其作用是既可使展品与地面彼此隔离，衬托和保护展品，又可进行组合，起到丰富空间层次的作用。展台的种类按制作材料与工艺不同可分为木制类、金属类、有机玻璃类和综合类等（图 5-10 和图 5-11）。

图5-10　粗糙的毛石展台衬托了面盆的光洁细腻

图5-11　鞋店的展台设计

一般来说，较大的展品应使用矮展台，小型的展品（雕像和陶器等）则应使用较高的墩柱式展台。在高大的展厅里，如果需要一个大型的展台时，可以进行特殊的设计，或者用小型展台组合迭砌而成。靠墙的独立式展台，如果设计成无腿的悬浮的形式，会令人感到轻巧、活泼，而且也节省材料。

现代展示设计的一个重要特征就是在静态的展示过程中追求一种动态的表现，动与静的结合使展示的过程变得生动活泼。这种使静态展品动起来的方法之一就是利用机动性的道具如旋转展台。旋转展台的规模可大可小，大型的旋转展台常用在汽车一类的大型展品的展示中，它可以使汽车展品变得生动，观众从不同的角度全方位观看展品（图 5-12）。

图5-12　旋转展台

5.2.4　展板

展板是用以展示版面文图内容和分隔室内空间的道具。分为与标准化系列道具相配套的规范化展板和自由式展板两种形式（图 5-13 和图 5-14）。

图5-13　与球节螺栓固定式展架相配套的展板

图5-14　自由式展板

用作隔墙的展板尺寸可以大些，宽度从 150cm、180cm、200cm 到 250cm 不等，高度从 220cm、240cm、260cm 到 300cm 不等。在隔墙板上可以吊挂小型的展板，也可以直接裱贴照片文字。固定在展架上的展板和直接吊挂的展板，尺寸不宜过大，一般常用的规格为：60cm × 90cm、60cm × 180cm、90cm × 180cm、120cm × 240cm 等几种。

兼作隔墙的展板一般是采用组合连接件将数片单板连接而成。在展板的设计上，既要考虑规格化问题，又要考虑组合使用的问题。一个展厅内，多种规格的展板搭配使用，在平面布局上就具有灵活性。

5.2.5　辅助道具

展示空间中用以围护陈列展品的栏杆、指示方向的路标、立式展品说明牌以及分散人流的屏风等，均是不可缺少的辅助道具。

（1）栏杆，分固定式和移动式两大类。固定式栏杆，是用木杆或金属管、钢筋制成，借助螺钉，将栏杆柱固定在展台或地面上，用来围护展品，禁止观众靠近和抚摸展品。移动式栏杆所用材料与固定式栏杆相同，现在多为可拆装组合式。栏杆柱高度在 60 ~ 120cm 之间，通常高为 90cm。栏杆横向连接件可使用木板条、织带、线绳、塑料管或金属（塑料）链条结构（图 5-15）。

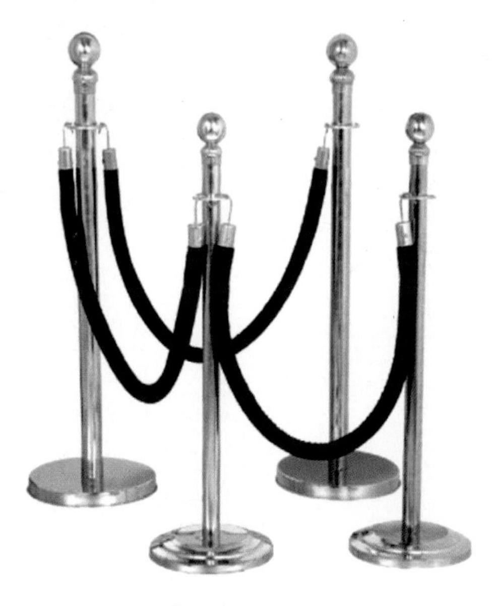

图5-15　栏杆

（2）方向标牌，高度在 130 ~ 170cm 之间，其底座为圆盘形、三角形、十字形或方锥形，中央立柱可采用各类圆管或方管制作，顶端装配标牌版面，绘有文字、数字或箭头等。

（3）立式展品说明牌，高度为 90 ~ 120cm，结构形式类似方向标牌。上部标牌的尺寸大小应与展品的大小相谐调，即大件展品的说明牌要大些。同时，标牌上的文字不能过多或过小，以便醒目。

（4）屏风，按造型特征分隔绝式和透漏式两类，按用途可分为迎门屏、序幕屏、标语屏、装饰屏与隔断屏等。屏风的大小要根据展厅空间的大小和展示的需要而定。一般来说，常用的屏风高度为 250 ~ 300cm，单片宽度为 90 ~ 120cm，独立式的宽度为 350 ~ 800cm。

5.3　展示道具的设计原则

展示道具作为展示空间的重要构成要素，其形态、色彩、肌理、材质、工艺以及结构方式，往往是决定整个展示风格和左右全局至关重要的因素。因此，展示道具被许多国家列入工业产品的范畴加以制造，特别是在现代展具的形式、材料、结构、加工技术等方面，投入了相当的精力和财力，创造和生产了不少先进的展具。可以说，展具的先进性与否，往往也反映了一个国家展示水平的高低。因而展具的设计与开发，是展示业发展不容忽视的问题。在展具的设计中，应注意以下几方面的原则。

（1）展示道具的尺度，应符合人体工程学的各项要求，结合陈列品的规格尺寸和陈列空间的大小进行综合考虑而确定（图 5-16）。

（2）展示道具的造型、色彩、材质与肌理等方面，应与展示环境的风格、展示性质和展品特点相一致，而进行定向、定位设计（图 5-17）。

（3）除一些特殊的展具外，道具的设计应注意标准化、系列化、通用化，并将标准化组合部件的规格、数量降低到最小值。要做到可任意组合变化、互换性强、多功能、易运输、易保存，多用轻质环保材料，方便生产加工。

图5-16　爱尔美化妆品“花之船”的道具设计

图5-17　生钢制成的展架折射出芬迪作为顶级品牌的传统与奢华

（4）要注重造型的简洁、美观，不做过多的复杂线脚与花饰，以便于制作与组装。色彩应淡雅单纯，表面肌理为亚光或无光效果，以防止眩光的产生。

（5）道具设计的图纸尺寸的标注，一般选用的比例尺度以 1/25、1/20、1/10、1/5。节点大样图的比例尺度为 1/2、1/1。在平、立面图上应注明所用道具的数量、质量要求和选用的材料与工艺技术等。彩色效果图应清晰地表现出道具的结构、形式、材质和色彩等特点。

思考题：

1. 什么是展示道具，它有哪些功能？
2. 展示道具按用途分，包括哪些？
3. 从结构和组合方式上，展架体系可分为几类？
4. 展示道具的设计原则是什么？

第 6 章 橱窗展示设计

橱窗是指商店临街的玻璃窗，用来展示样品。在现代商品经济社会，商场的竞争越来越激烈，商家通过橱窗展示公司形象，宣传自己的产品，引导消费者，激发其潜在的消费欲望，从而获得利润。正因为橱窗艺术对刺激销售具有巨大的作用，所以，在国外人们往往将橱窗陈列艺术，称为"视觉的售货术"。

橱窗展示设计就是一种立体与空间、形式与内容的视觉传达设计，商家通过极具个性的橱窗设计吸引顾客，展示商品和宣传企业形象。好的橱窗设计能给观众以强烈的艺术感染力（图 6-1）。

橱窗展示设计的艺术特点，是在三维空间上利用立体来表现的。橱窗设计应力求立体化，尤其讲究商品、道具之间的立体组合，既要求对比变化，又要统一整体，突出重点，保持着一种总体的环境和气氛的和谐。使消费者无论从远近、左右、正侧各个角度看去，都能感到完美。

橱窗展示是随季节变化、新产品的推出而不断更换的，它满足了现代人求新求异的审美要求，陶冶了情操，也丰富了城市景观。

6.1 橱窗的构造形式

根据各类橱窗的结构特点，橱窗构造形式可分为下列三种（图 6-2）。

1. 封闭式

封闭式橱窗的四周封闭，形成单独空间。橱窗一面或多面装有透明玻璃，背后装有壁板与卖场完全隔开，顾客在观赏商品时不受环境干扰，对传递商品信息很有利，是最常用的传统橱窗形式（图 6-3）。在橱窗背板上可以挂商品，还可以绘制图

图6-1 被誉为"中式百宝箱"的中艺专卖店橱窗设计

景，结合灯光分层处理，都能产生理想的艺术效果。背板一侧要安装可开启的小门，供陈设人员出入使用。一般大、中型商场，门面宽的专卖店多设这类橱窗，较为气派。

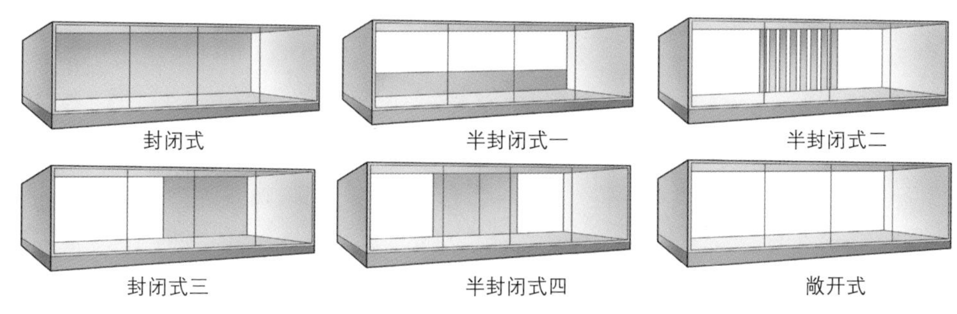

图6-2　橱窗构造形式示意图

图6-3　封闭式橱窗

2. 半封闭式

半封闭式橱窗的后背与店堂采用半隔绝、半通透的形式。结构上主要有两种形式：一种是没有固定底座，只在橱窗内展示道具及架子用以陈列商品；另一种是建有固定底座，后背或侧面与店内相通，隔断的方式很多，或横向或纵向，有的用帷幔做隔断，或直接用板材做不透明隔断等。这种橱窗构造形式使橱窗展示的内容与店内店外环境相融，虚实并举，相得益彰（图 6-4 和图 6-5）。

图6-4　半封闭式橱窗一

图6-5　半封闭式橱窗二

3. 敞开式

敞开式的橱窗没有后背板，直接与店堂相通，店内光线充足，人们可以通过大玻璃将店内情况尽收眼底（图 6-6）。

图6-6　敞开式橱窗

6.2　橱窗的陈列方法

1. 系列陈列法

系列陈列法是指为展示同一企业、同一产品或同一企业的系列产品而设置的橱窗形式。通过一系列的展示活动，达到树立品牌效应，宣传企业形象的目的（图 6-7）。

系列陈列法要注意以下几点：一是将企业标志或品牌标志置于统一的固定位置；二是有统一不变的色彩；三是大的构图关系保持一致或相近，总体风格不变。

2. 场景陈列法

场景陈列法通常是将商品以某种生活或情节构成一个场景，而商品则成为其中的角色。这种商品陈列的特点是将商品通过适当的场景充分展示其在使用中的作用，显示其功能上和外观上的特点。同时，场景化的展示场面容易引起消费者的联想和亲切感，因而激起消费者的购买欲望（图 6-8）。

3. 专题陈列法

专题陈列法一般以某种与该商品有关的专题为主线来选择和布置商品，既突出了商品，又具有丰富的内涵。陈列中既可以有实物陈列，也可以有与该类商品相关的内容，如有关的文字介绍、图片、照片等。这类橱窗展示通常是以节日、纪念活动、庆典仪式为契机，并以与之相关的内容为主题，配合各种道具和商品，构成热烈的场面，渲染气氛（图 6-9）。

4. 特写陈列法

特写陈列法是最容易突出展示主题的方法，

图6-7　品牌饰品店橱窗陈列展示

其特点是对重点推销的商品或事物富有特征的部分，做集中、精细、突出的描绘和刻画，使其具有高度的真实性和强烈的艺术感染力，给顾客留下极为深刻的印象（图 6-10）。

图6-8　场景陈列法

图6-9　“星光圣诞”专题的橱窗设计

图6-10　特写陈列法

5. 季节陈列法

季节陈列法是指按每个季节的特点来组织、陈列时令的商品，并使用各种特色的背景和装饰形象营造一种环境气氛或情调。例如陈列春季服装，以淡绿色调为背景，再点缀以桃花或迎春花，营造春光明媚的效果。一般在某个季节到来前半个月，就要将该季节的时令商品展示出来（图 6-11）。

图6-11 “时尚夏装”的主题橱窗设计

6. 综合陈列法

综合陈列法是一种中小型商店常用的陈列方法。将各种不同类型、不同用途、不同质地的商品，经过组合、搭配，布置在同一个橱窗里，显示出商品的琳琅满目。这类橱窗在陈列上尽可能避免杂乱无章，除了选择有代表性的商品外，还要善于归纳整理，经过有意识的设计，做到既丰富多彩，又井然有序（图 6-12）。

图6-12 综合陈列法

6.3 橱窗道具设计

橱窗是一个有限的空间，商品在这个有限空间里的陈列和展示手法，与橱窗道具的形式密切相关。道具形态的高低、大小和方向的变化，使橱窗空间呈现多姿多彩。橱窗道具的形态具有多种形式，归纳起来可分为三类。

1. 具象道具

具象道具是模仿自然界和生活中的一些事物的真实而具体的形态，自然形态的如花卉、树木、动物和人等，人造形态的如家具、器具、工具、灯具和玩具等。具象道具是现实形态，亲切感人，具有生活的真实性，它所创造的空间能产生直接的联想（图6-13）。

2. 抽象道具

抽象道具基本上由纯几何体和有机形体构成。抽象道具是设计者凭抽象概念设计的形态，具有新颖和单纯的造型，常用于表现极具现代感的橱窗空间。抽象道具尽管其构成的元素比较简单，但却有很强的诉说力，能够表达任何需要表达的设计语言（图6-14）。

3. 装饰道具

装饰道具是设计者为了橱窗构思的需要和商品陈列的要求，将自然形态进行单纯化或规整处理后的动物、植物、人物和器物等装饰形态。这类道具带有设计者的主观想象性，常以动画或漫画形式出现，追求情趣性和幽默感（图6-15）。

图6-13 人体造型的具象道具

图6-14 几何形的抽象道具

图6-15 以动物为原型的装饰道具

道具要具有适当的比例和尺度。适当的比例关系是人们衡量美的一种标准。道具尺度的确定，要以人体工程学为出发点。道具设计是高度、宽度、深度三度空间的设计。道具的高度与橱窗底座的高度、人的视点、商品的陈列高度诸因素有关；道具的宽度受诸多因素的影响，如商品的宽度、组合关系及组合后总宽度的最佳视觉效应；道具的深度与橱窗的深度、陈列商品的层次、体积、形态以及适当的空间等因素有关。通常情况下，道具与背景的距离可适当小些，道具与橱窗玻璃之间要留有充分的空间，以免陈列商品后引起局促感。

道具肌理的美感来自于所选择的材料表面。在道具设计中，设计者常把道具的表面肌理与商品质地形成对比，以激发消费者的购买欲望。材料表面肌理的光洁或毛糙、粗犷或柔和、吸光或反光、透明或不透明等，与商品形成的对比往往能增强橱窗的气氛，突出商品的优良品质。例如，珠宝首饰等有光泽的商品常用吸光的材料衬托，彰显了晶莹璀璨（图 6-16）。

图6-16 珠宝首饰的橱窗设计

6.4 橱窗的色彩与照明设计

6.4.1 橱窗的色彩设计

橱窗的色彩作为设计要素，它的运用与橱窗的内容、风格、情调以及灯光有着很大关系。色彩作为第一视觉语言，对人的感官产生非常直接的影响，在橱窗设计的表现形式中占有举足轻重的作用。

橱窗的色彩主要由商品色彩、道具色彩、环境（背景、侧面、铺地）的色彩和灯光的色彩构成。

橱窗的色彩设计要注意以下几个方面。

1. 根据商品性质来设置橱窗色彩

商品具有不同的性质特征，如清新自然的、高贵典雅的、朴素无华的等，需要用不同的感情色彩去衬托，使商品的个性更加鲜明。如食品橱窗常常选用红、橙、黄强调食品的新鲜、美味。而珠宝首饰橱窗则往往采用低明度的调和色调，来衬托商品的华丽、优雅个性。

2. 根据商品的使用对象来设置橱窗色彩

如男性用品的橱窗多用黑、深蓝、深棕强调男性的庄重、稳健（图 6-17）；女性用品的橱窗则多用各种淡雅的粉色系列加金银来显示女性的温柔、妩媚。

3. 根据橱窗的主题、展示的内容来决定整个橱窗色彩的基调

橱窗的色彩基调有轻快活泼、深沉庄重、朴素典

雅、富丽堂皇等多种形式。一般根据橱窗的主题、展示的内容、陈列的门类来决定整个色彩的基调。例如：家用电器的橱窗大都是轻快活泼的灰调子；工艺美术品、室内装饰用品、服装等橱窗则是轻快明亮的暖调子。橱窗的基本调子定了以后，首先考虑的是橱窗背景颜色，因为背景颜色面积大，所以基本色调一般以背景颜色作主导色。背景色要与橱窗陈列、展示的所有商品、道具中占优势的主色调相协调。

图6-17　男性用品的橱窗展示

好的设计作品应根据橱窗的周围环境、位置、光线和陈列的商品以及道具来确定整个色调。有时为了突出表现某个重要内容或者为了避免色彩的单调、枯燥，局部的色彩可以变化而采用强烈的饱和色与商品形成鲜明的对比，这样就能纠正橱窗内背景和商品色彩的单调和缺乏生气的状况。

6.4.2　橱窗的照明设计

橱窗的设计要借助灯光照明技术，才能确保商品陈列效果，为橱窗创造出一种爽快、明亮、优美的气氛，使橱窗更具有吸引力，并加深消费者对商品的印象，从而达到扩大推销的目的。

橱窗照明的布局形式有三种，即基本照明、局部照明、气氛照明。基本照明用来保证橱窗内的基本亮度；局部照明用来突出重点、丰富层次；装饰照明的主要任务是营造气氛，增强艺术感染力。

橱窗照明的布局形式是要随商品的种类、陈列商品的要求和空间的构成来决定，它可以是单一形式，也可以是几种方式巧妙地配合使用。

1. 基本照明

基本照明是确保橱窗内基本亮度的照明。基本照明必须保证整个橱窗照明度均匀，从灯光安置位置上分为顶光、侧光和底光。顶光是按照橱窗深度的需要，把荧光灯或其他灯具装在橱窗的顶棚上（图 6-18）；侧光是安装在橱窗的两侧，以垂直的方向排列，主要是为了消灭两侧的死角（图 6-19）；底光是安装在橱窗地板的前口，即靠近玻璃的位置上，它是为了避免底部光线不足而采用的。基本照明是根据橱窗总面积和光度的分布来设置，直接把灯具装置固定在恰当的位置上，不能移动。

2. 局部照明

局部照明是用来突出重点、丰富层次的聚光照明。局部照明一般多采用聚光灯、冷光灯、射灯和反光灯等，将一束束灯光射向需要的部位上，以加强陈列效果，衬托商品。局部照明灯具一般选择可自由变换照射方向的器具为宜，方便配合布置和陈列商品的变化。

3. 气氛照明

气氛照明是采用各种色灯，制造出各种彩色的光源，构成戏剧性的效果。它常采用脚光照明和背光照亮方式，光源一般安装在看不见的位置（图 6-20）。橱窗的气氛照明设计，必须充分考虑到有色灯光对陈列商品固有色的影响，尽量不使用与陈列商品色彩呈对比的色光，以避免造成陈列商品色彩的歪曲。

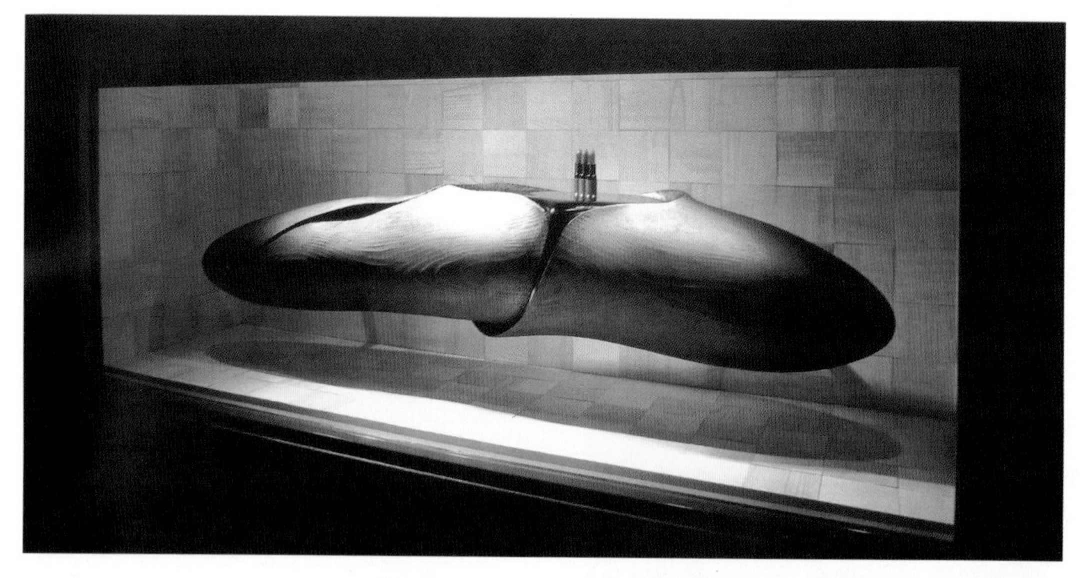

图6-18　顶光采光的基本照明

图6-19　侧光照明

图6-20　彩色背景光为橱窗增色不少

思考题：

1. 橱窗的陈列方法有哪些？
2. 橱窗道具设计有什么要求？
3. 橱窗的色彩设计要注意什么？
4. 橱窗的照明设计有哪些艺术手法？

第7章 展示空间的色彩设计

“远看颜色近看花”，这句俗语充分说明色彩在视觉信息的传递中有着非常重要的作用。色彩的存在虽然离不开具体的物体形态，但却有着比形、大小、材质更强的视觉感染力，也就具有“先声夺人”的力量。色彩设计是展示设计过程中的重要环节，设计师可以运用色彩这种设计元素强化设计作品、彰显设计理念，创造良好的展示环境使受众更好地接受和理解信息（图7-1）。

图7-1　展厅过道的墙面色彩设计

7.1 色彩的概述

自从1666年英国科学家牛顿在实验室里发现了光的成因后，人类对于色彩的研究也揭开了历史的新一页。色彩为人类的社会增添了无穷情趣，成为人类生活中不可缺少的因素。色彩是光的反射，是光刺激眼睛所产生的视感觉。了解色彩的物理特点以及色彩对人类的心理、生理产生的影响，使之正确、灵活地运用在展示色彩设计中，从而设计出更加符合人类需求的色彩空间。

7.1.1 色彩的三属性

尽管世界上的色彩千千万万，各有不同，但是研究表明，每一种色都受到三方面要素的制约，即明度、色相和纯度。

1. 明度

明度是指色彩的明暗程度，也叫亮度。明度最高的颜色是白色，最低的颜色是黑色。它们之间不同的灰色排列即显示了明度的差别，有彩色的明度是以无彩色的明度为基准来判定的。

2. 色相

色相是指颜色的相貌，是对色彩的命名。色相是红、黄、蓝三原色才具有的属性，无彩色没有色相。在色相环中排列着不同色相的色彩。

3. 纯度

纯度是指色彩的鲜艳程度，也称饱和度。同一色相中彩度高的色叫纯色，无彩色没有色度。

色彩分为有彩色与无彩色。黑、白、灰为无彩色。有彩色分为原色、间色和复色。色彩中的原色为红、黄、蓝三原色。色彩中的间色为橙、绿、紫等。一种原色和一种间色相配成复色。

7.1.2 色彩的视觉心理

色彩是由于光波效果而形成的一种物理现象，但人们却可以从中感受到各种各样的情感，这是因为人们长期生活在一个色彩的世界中，积累着许多视觉经验，一旦视觉经验与外来色彩刺激发生一定的呼应时，就会在人的心理上引出某种情绪。人们对不同的色彩表现出不同的好恶，这种心理反应，常常是跟人们的年龄、性格、素养、生活习惯甚至民族分不开的。

人们对展示空间的色彩感受实际上是多种信息的综合反映，它通常包括由过去生活经验所积累的各种知识。每个人对一种色彩可以产生不同的联想，进而形成不同的色彩视觉心理。我们可以从色彩的三个属性来研究色彩的视觉心理。

首先，从色相来说，红、橙、黄色有温暖热情的感觉，充满跃动感，有比较近的空间感；而蓝色则具有冷漠、知性、沉静、澄明、静寂的感觉，让人感觉空旷，深远；绿色充满生命力；黑色则有沉重的感觉。

其次，从明度来说，明度高的空间有轻快感、活跃感、接近感，明度低的空间有凝重感、严肃感和使命感。中间调子的空间则使人感到平和、稳定。

最后，是纯度，纯度越高的颜色越鲜艳，越强烈，有新鲜感。灰色调就显得朴素、淡雅。具体情况参见表 7-1~ 表 7-3。

表 7-1　色彩的情感联想

颜　色	具 体 联 想	抽 象 情 感
红	火焰、太阳、血、红旗、辣椒	热烈、积极、活力、温暖、新鲜、怒、革命
橙	橘子、柿子、秋叶	快活、温情、健康、欢喜、和谐、疑惑、危险
黄	黄金、灯光、香蕉、稻穗、黄沙	明快、朝气、快乐、富贵、轻薄、刺激、注意
绿	大地、草原、森林、蔬菜、庄稼	自然、健康、新鲜、安静、凉爽、清新、安全
蓝	天空、海洋、水、青山	沉静、平静、科技、理智、冷淡、消极、阴郁
紫	葡萄、紫罗兰、郁金香	优雅、高贵、细腻、不安定、性感
白	雪、云、雾、白纸、白布、天鹅	纯洁、清白、纯净、明快、和平、神圣、轻薄
灰	水泥、鼠	平凡、谦和、失意、中庸
黑	黑夜、黑发、乌鸦、墨汁、煤炭	沉着、厚重、悲哀、恐怖、死亡、地狱

表 7-2　色彩的心理感受

颜　色	红	橙	黄	绿	蓝	紫	棕	白	黑	灰
距离感	近	非常近	近	后退	后退	近	近	前进	无限深远	远
温度感	温暖	非常温暖	非常温暖	中性	冷	冷	中性	冷	冷	冷
情感	非常刺激，不安	使人激动	使人激动	非常平静、柔和	平静、柔和	不安、压抑	使人激动	不压抑	抑制、压抑	中性

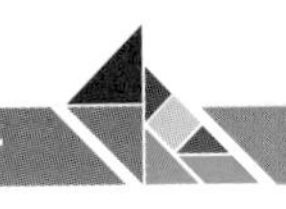

表 7-3　色调的视觉心理效果

色　调	视觉心理效果
淡色调	明媚、清澈、轻柔、成熟、透明、浪漫、爽朗
浅色调	清朗、欢愉、简洁、成熟、妩媚、柔弱、梦幻
亮色调	青春、鲜明、光辉、华丽、欢愉、健美、爽朗、清澈、甜蜜、新鲜、女性化
鲜色调	艳丽、华美、生动、活跃、外向、发展、兴奋、悦目、刺激、自由、激情
深色调	沉着、生动、高尚、干练、深邃、古风、传统性
暗色调	稳重、刚毅、干练、质朴、坚强、沉着、充实
浅灰调	温柔、轻盈、柔弱、消极、成熟
浊色调	朦胧、宁静、沉着、质朴、稳定、柔弱
灰色调	质朴、柔弱、内向、消极、成熟、平淡、含蓄

7.2　色彩在展示设计中的作用

展示是一种展现在观众面前的艺术。给人的不仅仅是一种美感，而且还表达了设计者所要烘托的某种心境和气氛。因此，可以刺激人们视觉神经的色彩就显得尤为重要，甚至决定着展示的成败。

1. 凸显品牌形象，服务展示内容

展示活动是一种有明确目的指向的行为。商业展示的目的是为了促销，为商家实现营销目标进行最直接、最有效的宣传。博物馆、美术馆等一些文化性较强的展示活动，其目的是为了扩大影响，取得良好的社会效益。在展览会上，每一个参展者都希望自己的展位色彩鲜明、与众不同，在众多的展示中脱颖而出。优秀的展示色彩设计能鲜明地体现参展者的品牌形象，从而让受众关注到展示的内容（图 7-2）。

图7-2　以红色为基调的展位设计醒目突出

2. 调动参与热情，激发购买欲望

不同的色彩能使人产生不同的心理感受，或亲切或冷漠，或愉悦或忧伤。红、黄、橙等暖色系的色彩以明度高、饱和度高和对比强烈而给人以欢快感（图 7-3）；而绿、紫、蓝等冷色系的色彩以明度低、彩度低、对比较弱而给人以沉静感。利用色彩对人的心理暗示，来引导观众自发地参与到活动中去；或调动观者的情绪，激发其购买欲望，就是一种进行展示设计的重要手段。

图7-3 暖黄调容易激起人的购买欲望

3. 创造二次空间，丰富空间层次

在展示空间里，由墙面、地面、顶面组成的空间称为一次空间，而在一次空间中划分出的可变空间为二次空间。利用色彩可以创造出相互独立而又彼此联系的二次空间，不同色彩、不同材料构成的二次空间，从视觉上和心理上划分了不同的区域，使空间更富层次感（图 7-4）。

4. 体现民族特征，彰显企业个性

世界上任何民族都有自己的文化传统和艺术风格，也具有本民族的色彩特征。这一点在国际性展览会上，在色彩的设计过程中应予以足够的重视。有些品牌的商品，由于长期使用某种色彩，从而也形成了它特定的属性。如可口可乐公司使用的红色就是非常成功的品牌色彩。合理有效地使用色彩，对提高展览的艺术性及民族特色、彰显企业个性特征有着极其重要的作用（图 7-5）。

图7-4 冷暖色调划分出彼此独立的二次空间

图7-5 卡特尔公司展位个性化的色彩搭配

7.3 展示空间的色彩设计方法与原则

7.3.1 展示空间的色彩设计方法

展示空间的色彩包括空间界面的色彩、展示版面的色彩、道具的色彩、照明的光色、商（展）品的

色彩。除了最后一种色彩因素是客观存在的外，其他都是设计师在色彩设计过程中要考虑的。

1. 空间界面的色彩设计

展示空间的界面指墙面、天花板、地面，界面构成了整个展厅环境的主题。展厅的环境色彩与整个展示气氛及展示效果有很大的关系。一般来说，商业性的展示活动，空间界面的整体色调大多采用中性或柔和、灰性的色调，以突出展品，取得色彩上的和谐（图 7-6）。博物馆陈列性质的空间界面的色彩则要朴素、典雅、宁静些，起到衬托展品的作用。

图7-6　浅色的背景环境使深色的服装更突出

2. 展示版面的色彩设计

展示中的版面某种程度上介于环境和展品之间的中间媒介。版面的色彩设置得当，可以起到协调整个展示空间色调，又突出展示内容的作用（图 7-7）。版面的色彩包括：版面底色、标题和文字的色彩、图片的色彩等。版面色彩设计的原则是：同一版面上色彩不宜过多，尤其是作为背景的大块色彩。不同展示区域的版面色彩要有一个明显的体系性，或同明度，或同彩度，或同类色等，最大限度地保持展示区域色彩体系的完整性。

图7-7　新颖独特的版面设计

3. 道具的色彩设计

展示道具有承托、围护、张贴展品，指示方向等用途。通常使用的道具有两种生产方式：一种是由专业厂家标准化、系列化生产的；另一种则是专为某次展示活动而设计制作的。标准化的道具的色彩要求单纯、淡雅，金属构件表面最好做哑光处理，油漆色彩以中度灰性色彩为宜。定制的道具则要求在色调上尽可能统一，色彩要求单纯，油漆以无光或哑光为好，以减少眩光（图 7-8）。

图7-8　德国科隆博物馆里白色展台衬托着黑色雕塑

4. 照明光色设计

照明的光色设计也是整个色彩体系中的一部分，其色彩效果对展厅的气氛有很大的影响。光源色有着或柔化、或强化和统一展览空间色调的显著作用(图7-9)。在展示设计中，常将灯光做色彩处理，以制造戏剧性的气氛。例如，利用色彩的联想，可以用冷色调的光模仿月光的自然效果，也可以用暖色调制造出炎热的阳光或火光效果。展示或商品陈列中的灯光效果处理得当，会产生强烈的吸引效果。但是，必须充分考虑到有色灯光对展品固有色的影响，避免造成展品色彩的歪曲。

展示空间的色彩设计是一个从宏观设计到微观设计的过程。具体分为以下三个设计步骤。

(1) 确定整个展示空间的总体色调

展示空间的总体色调，是为整个展示活动所制定的色彩基调，即根据展览性质、展览主题等来确定整个展览的色调倾向性——或冷调、或暖调、或明调、或暗调、或中性色调等。商业性的展示空间还需确定专用色：即商业空间的标志用色，商业场所的安全用色等。例如，历史博物馆的整个色调以暗调为主，以此来衬托古董（图7-10)；海洋展览馆的色调应是偏冷蓝调，以此营造海洋环境(图7-11)；女性服装专卖店的色调则是偏亮的粉调，以此来烘托商品的高贵与典雅。

图7-9　有色光的照明进一步渲染了环境气氛

图7-10　东京印刷博物馆的暗色调

图7-11　日本茨城县自然博物馆以蓝色调为主

(2) 确定展示分区的色彩关系

① 展示分区与总体色彩的关系。展示分区是指大型展博会的分馆、博物馆的分厅、商场的分层等较大空间区域。展示分区色彩设计主要是依照总体色彩计划,运用辅助色,配以灯光设计,造成展览的单元感,产生区域特色。一般来说,是在遵循展示空间整体主色调的基础上,利用局部色彩的变化传达自己展区的内容主题与风格,如门楣颜色、道具颜色等。

② 展示分区之间的色彩关系。展示分区之间的色彩关系,简而言之就是既有统一性、连续性,又有个性的变化,前后形成一种有韵律感的节奏。如明暗节奏、冷暖节奏等的演进,构成一个完整的乐章,给人以视觉的刺激和情绪、心理的调节。同时对于色彩的节奏和韵律也要有一定的把握,要与展出的主题和信息传播的需要相吻合,否则会显得杂乱无章,引起观众的视觉疲劳。

(3) 确定展示细节的色彩特点

展示细节包括橱窗、道具、门楣、POP 标识等。

7.3.2 展示空间的色彩设计原则

1. 统一性原则

统一性是展示空间环境色彩设计的基本原则。要根据展示内容、主题和气氛要求,来进行色彩的总体设计,确定一个统一的基调(图 7-12)。这就要求在空间、道具、展品、装饰、照明等方面,都应在总体色彩基调上统一考虑,并与使用环境的功能要求,气氛、意境要求相适合,从而确定展示空间的主题色调。否则会出现杂乱无序的色感,影响展示传达效果。

图7-12 世界PC展“LOTUS”展位的色彩统一性

2. 突出主题性原则

在展示活动中,观众面对的最大形态是展体构成,面对的最主要视觉对象是展品。因此,色彩设计应考虑以怎样的色调来烘托环境气氛、突出主题性展品的陈列为主(图 7-13)。

图7-13 单纯的黄色背景很好地衬托了展品

3. 服务于观众的原则

观众生理、心理的色彩情感与反映是色彩计划定位的基点。色彩的设计应尊重观众的性格、爱好(图 7-14)。

4. 色彩丰富性原则

展示空间的色彩环境如果仅有统一,没有变化,则会缺乏生气。观众或顾客由于长时间得不到足够色彩对比的刺激就会感到平淡乏味。因此,在色彩面积、色相、纯度、明度、光色、肌理等方面进行有秩序、有规律的变化尤其重要。适当地用些“跳跃色”来丰富和活跃全局,可避免单调乏味。

5. 照明与色彩相结合原则

不同的光源对色彩会产生不同的影响,照明方式的不同也会带来色彩的变化。合理考虑空间照明与色彩的关系,并加以灵活应用,可以营造出神秘新奇的气氛,从而起到引导传达的作用。

图7-14　艳丽的暖色调符合女性心理特征

思考题:

1. 色彩在展示设计中起到什么作用?
2. 展示空间的色彩由哪几部分组成,各自的设计特点是什么?
3. 展示空间的色彩设计分哪几个步骤?
4. 展示空间的色彩设计原则有哪些?

第 8 章 展示空间的照明设计

就人的视觉而言，没有光也就没有一切。在展示设计中，光不仅能满足人们视觉功能的需求，而且也是一个重要的美学因素。光可以形成空间、改变空间或者破坏空间，它直接影响到人对物体大小、形状、质地和色彩的感知。因此，照明设计是展示设计的重要组成部分，在设计之初就应该加以考虑。

8.1 展示照明的基础知识

光是产生视觉感知不可缺少的条件，良好的照明设计对于确定整个展示空间的设计风格与特色、塑造商业展示主体形象等方面都至关重要。目前展示照明可分为两大类：自然采光和人工照明。

8.1.1 自然采光

我们把对自然光的利用称为“采光”。将适当的自然光引进室内用作照明，并且让人能透过窗子看见外面的景物，是保证人的工作效率高、身心舒适满意的重要条件。近年来的许多研究表明，太阳的全光谱辐射是人们在生理和心理上长期感到舒适满意的关键因素。充分利用自然光的意义，不仅在于获得较高的视觉功效，节约能源和费用，而且还很可能是一项长远的保护人体健康的措施。另外，多变的自然光又是表现建筑艺术造型、材料质感，渲染室内环境气氛的重要手段。

展示空间的室内采光效果，主要取决于采光部位和采光口的面积大小和布置形式，一般分为侧光、高侧光和顶光三种形式。

1. 侧光

侧光可以选择良好的朝向和室外景观，使用和维护比较方便，但当房间的进深增加时，采光效率很快降低。因此，常采用加高窗的高度或采用双向采光或转角采光来弥补这一缺点。

2. 高侧光

为了提高房间深处的照度，将采光口提高到 2m 以上，称为高侧光。

3. 顶光

顶光的照度分布均匀，采光的亮度通常是侧面采光的 3 倍（图 8-1）。但当上部有障碍物时，照度就急剧下降。此外，在管理、维修方面较为困难。

自然光照明因光源的运动，在一天中会有照明角度和光量的变化，在设计时要考虑到这一因素。

8.1.2 人工照明

人工照明是利用各种发光的灯具，根据人的需要来调节、安排和实现预期的照明效果。其最大的长处即是可随意处理光效果并具有恒久性，这是自然采光无法做到的。人工照明的恒常性和自由性使展示的艺术效果得到充分的展现。

1. 光照度

光照度是指被照物体单位面积上的光通量值，单位是勒克斯，单位符号为 Lx。它是决定被照物体明亮

图8-1　顶部采光

程度的间接指标。在确定设计照度时首先应该参照《建筑电气设计技术规程》推荐的照度标准，但推荐的照度标准具有一定的幅度，因此取值时应按实际情况慎重考虑。室内空间中某点上的照度取决于所用灯具的光功率和灯具与物体间的相对位置。

2. 光亮度

光亮度是指被视物在视线方向单位投影面上的发光强度。光亮度的单位为坎【德拉】每平方米，单位符号表示为 cd/m^2。光亮度作为一种主观的评价和感觉，和光照度的概念不同，它是表示由被照面的单位面积所反射出来的光通量，也称发光量。因此与被照面的反射率有关。例如，在同样的照度下，白纸看起来比黑纸要亮。

3. 光源的光色

光色，即灯光的表明颜色，是光给人的冷暖感觉，光色取决于光源的色温，光色能够影响室内的气氛(图 8-2)。色温低，感觉温暖；色温高，感觉凉爽。日光的色温一般为 3300K，色温＜ 3300K 为暖色，3300K ＜色温＜ 5300K 为中间色，色温＞ 5300K 为冷色。光源的色温应与照度相适应，即随着照度的增加，色温也应相应提高。否则，在低色温、高照度下，会使人感到酷热；而在高色温，低照度下，会使人有阴森的感觉。

图8-2　黄色灯光的渲染使空间充满时尚简约的自然感

4. 光源的显色性

光源的显色性是指灯光对所照射对象颜色的影响。也就是说光源的显色性具有显示物体色彩的作用。“参照光源”是能呈现物体真实色彩的光源，一般认为中午的日光是标准的“参照光源”。

8.2　展示照明的设计形式

8.2.1　展示照明的布局形式

1. 基础照明

基础照明是指对展示空间内全面的、基本的照明，这种照明形式保证了室内空间的照度均匀一致，从而创造出一个方便、舒适的照明环境（图 8-3）。

2. 重点照明

重点照明是指对特定区域和对象进行的重点投光，以强调某一对象或某一范围内的照明形式。如对商场陈设架的展品进行重点投光，能吸引人们注意力（图 8-4）。重点照明的亮度是根据物体种类、形状、大小以及展示方式等确定的。重点照明有以下两种方式。

图8-3　均匀整齐的基础照明

图8-4　壁龛设计结合重点照明

（1）全封闭式展柜的照明

全封闭式展柜的照明常用于博物馆的文物珍品和商店金银珠宝等的展示。展柜的亮度应是基本照明的2～3倍。一般采用顶部照明或底部照明的方式，即光源设在顶部或底部。展柜顶部照明可以是聚光灯（图 8-5），也可以设灯箱或灯槽，使光线漫射，避免眩光。在展柜底部装灯时，光线来自下方，透过磨砂玻璃，造成轻快感和透明感。全封闭式展柜的照明要注意通风、散热的问题。

（2）垂直照明

垂直照明方式主要用于平面展板及绘画作品或文字说明等照明（图 8-6）。一般是采用射灯或聚光灯，也可运用灯箱的效果。但两者相比，前者聚光效果更强烈，对展品的立体感塑造更好；后者光线柔和，适合于文字说明。

3. 装饰照明

装饰照明又称为“气氛照明”。它既不同于基础照明，也不同于重点照明，而是以色光营造一种带有装饰味的气氛或戏剧性的展示效果，以增强空间层次，营造环境氛围（图 8-7）。

图8-5　光源设在展柜顶部的重点照明

图8-6　对绘画作品进行重点照明

图8-7　展厅的接待台底部采用了装饰照明

4. 特殊照明

特殊照明是指功能性的照明方式。展示空间中特殊的标识照明有：安全出入口、洗手间、应急通道、残疾人专用通道、导向识别及应急照明等。这些照明形式是现代展示环境不可或缺的组成部分，应该统筹考虑且高度重视。

8.2.2　展示照明的投射方式

展示照明的投射方式有以下几种（见表 8-1）。

表 8-1　展示照明的投射方式

图　示	特　征	图　示	特　征
直接照明 向上 0%～10%，向下 100%～90%	1. 光利用率高 2. 易获得局部地区高照度 3. 天棚较暗	半间接照明 向上 60%～90%，向下 40%～10%	向下光占小部分，光的利用率较低，顶棚较亮
半直接照明 向上 10%～40%，向下 90%～60%	1. 向下光仍占优势也具有直接照明的特点 2. 具有少量向上的光，使上部阴影获得改善	均匀漫射照明 向上 40%～60%，向下 60%～40%	1. 向上与向下的光大致相等，具有直接照明与间接照明二者的特点 2. 房间反射率高能发挥出较好的效果，整个房间明亮
间接照明 向上 90%～100%，向下 10%～0%	绝大部分或全部光向上射，整个顶棚变成二次发光体		

注：涂黑为不透明，打点为半透明。

1. 直接照明

直接照明是用途最广泛的一种照明方式。它使 90%以上的灯光直接投射到被照物体，灯具光通量的利用率最高（图 8-8）。这种照明方式由于亮度过高，应防止眩光的产生。

2. 半直接照明

半直接照明方式是将半透明的灯罩罩在灯泡上部，60% ~ 90% 的光线被集中向下直射到工作面上，其余 10% ~ 40% 的光线则经半透明的灯罩向上漫射。除保证工作面照度外，天棚与墙面也能得到适量的光照，使整个展示空间光线柔和，明暗对比不太强烈。

3. 间接照明

将光源遮蔽而产生间接光的照明方式，称为间接照明。这种照明方式使 90% ~ 100% 的光射向顶棚或墙面，再从这些表面反射至工作面，10% 以下的光线则直接照射到工作面。光线均匀柔和、无眩光（图 8-9）。

图8-8　家纺展示厅吊顶采用直接照明和间接照明相结合的方式

图8-9　NTT COMWARE展厅吊顶采用间接照明的方式

4. 半间接照明

半间接照明是将半透明的灯罩装在灯泡下部（图8-10），这样60%以上的光射向天棚和墙的上部，形成间接光源，40%以下的光线经灯罩向下直接照于工作面。这种投射方式使天花板非常明亮均匀，没有明显的阴影。

图8-10 NTT DoCoMo展厅采用半间接照明的方式

5. 均匀漫射照明

均匀漫射照明方式能使光通量均匀地向四面八方漫射，适宜各类展示场所。

8.3 展示照明的设计方法

1. 照明眩光的控制

眩光，是指视野内出现过高亮度或过大的亮度对比所造成的视觉不适或视力减低的现象。眩光产生的原因有：光源表面亮度过高，光源与背景间的亮度对比过大，灯具的安装位置不对等。

在展示空间避免眩光对观众的干扰非常重要。常见的处理手法有以下几种：

（1）如采用天光照明，应严格遮挡直射日光。

（2）选择具有达到规定要求的保护角的灯具进行照明。也可采用间接的照明方式，使光线经过反射或漫射后，均匀地布满在被照亮的物体上，如可采用间接型灯具、特殊设计的灯罩、暗槽灯及发光天棚等方法，都是有效限制眩光的措施（图8-11）。

图8-11 条状发光天棚起到避免眩光的作用

（3）为了限制眩光可以适当限定灯具的最低悬挂高度，通常灯具安装的越高，产生眩光的可能性就会越小。

2. 合理选择光源色

灯具的选择不仅仅是照明方式的选择，也包含了对灯具光源色的选择。因为在光源色与被照射的物体色之间，存在着十分密切的关系。在展示中，正确地表现展品色彩非常重要。由于光源的色温和显色性的不同，照射在同一物体上的颜色效果也会不同。物体的特性在很大程度上取决于色彩的正确显现。因此，必须注意所使用的光源的色温和显色性。一般来说，为保持展品的固有色彩，选用日光色光源比较理想。例如，色彩和面料的质地在服装展示中是非常重要的，宜采用天然色日光灯，产生自然色光，使商品的光色、质感更为纯正。但是在某些特定的场合，常常要求特殊的光源色，以达到渲染气氛的目的。如居室展区，色温偏低并带暖色，以烘托家庭环境的温暖舒适。

为了突出展示的商品，通常采用两种方法来表现其具有的色彩：一是忠实显色，即通过光色正确表现商品的色彩；另一种是效果显色，可以通过微妙的色光效果来更鲜明地突出商品的特定色彩。表8-1和表8-2为色光在应用中的变化规律和照在不同色彩物体上的视觉效果。

表 8-1　色光在应用中的变化规律

光 源 种 类	光源色彩变化	被照物色彩变化	色彩象征	强调色	变暗色
白炽灯泡	红橙色	红橙色	温暖感	红、橙	青
温白色日光灯	黄白色	黄白色	温暖感	橙、黄	红
白色日光灯	白色	白色	稍温暖感	橙、黄	红
天然白色日光灯	白色	白色	稍温暖感	所有色	不变
昼光色日光灯	青白色	青白色	凉爽感	黄、绿	红、橙
高压水银灯	绿白色	绿白色	凉爽感	黄、绿、青	红、橙
钠气弧灯	黄橙色	变黄	暗黄感	黄	黄除外

表 8-2　色光照在不同色彩物体上的视觉效果

物体色 / 色光	白	灰	褐	红	黄	绿	青
红	明粉红	暗红	红褐	红	黄橙	橄榄绿	紫
黄	明黄	暗黄	橙褐	红	黄	黄绿	灰绿
绿	明绿	暗绿	橄榄绿	褐	黄绿	绿	青绿
青	明青	暗青	青褐色	紫	褐	青绿	青

3. 利用投光方向来塑造展品立体感

展示照明在满足基本功能要求外，还追求个性的、富有艺术表现力的照明效果。因此，投光方向对展品立体感的塑造至关重要。在展示设计中，展品的立体感由受光正面与背面的明暗差而形成。如果照度明暗差距很小，造成的阴影很弱，则给人平淡无奇之感；若照度差距过大，阴影对比过强，反差太大，也会使人感到不舒服。所以，恰当的明暗反差比应在 1∶3 ～ 1∶5。从照明区位分布来看，照射角度可分为顶光、底光、顺光、侧光、逆光等。

一般而言，在光造型中，通常的手法是将光线置于物体的前侧上方，使受光与背光面积的比例在 1∶3 ～ 2∶3，不仅能取得较好的明暗面积对比关系，也能使投影明确，层次丰富，立体感强，较完美地展现物体的形象。

4. 根据展示的主次关系选择合适的亮度

展示会上，展出的主题应是视野中最亮的部分，光源、灯具不要引人注目，以利于观众将注意力放在观赏展品上。需重点突出的展品，常采用局部照明以加强它同周围环境的亮度对比。在照度水平不同的展室之间，尤其在明暗悬殊的展室走廊部分，应设有逐渐过渡的照明区域，使观众由亮的环境到暗的空间时不致有昏暗之感，降低观赏兴趣。展品背景的亮度和色彩不要喧宾夺主，一般情况下，背景应当是无光泽、无色彩饰面。

5. 灵活选择灯具

现在，大部分展示会活动性比较强，周期短。为了适应这种要求，最好采用灵活的导轨灯和点射灯与一般照明形式配合。这种搭配方式可随展品的陈列位置和展示内容的改变而灵活移动光源位置（图 8-12）。有天然采光的展室，要有手动或自动控制的遮阳装置，以备在光照变化时，随时调节光通量。

6. 照明的安全性

安全用电是照明最基本的要求。特别是在夏日高温季节和易燃物集中的情况下，注意灯光照明的通风、散热非常重要。一般来讲，白炽灯和聚光灯温度很高，散热量比较大，在照明设置时，应为其留有较大的热量流通空间，对于一些容易燃烧的展品，切忌强光直接照射，非照射不可的也要注意距离和照射方向。对于像绘画、珠宝等贵重的展品，还要在灯具上进行选择或处理。如选用不产生紫外线的光源，或在灯具前加装滤色片，以滤去紫外线，防止光照所带来的损伤和侵害。

图8-12　可随意变换方向的导轨射灯

8.4　展示照明常用灯具与安装

8.4.1　展示灯具的用途

1. 满足照明需要

展示场馆内需要灯光照明的部位很多。作为介绍展示主题和陈列、演示展品的主要场所，需要很好的灯光照明；办公室、接待室和商业展览的洽谈室，也需要相应的灯光照明；展馆内的各种通道、观众休息室，都要有相应的灯光照明；储藏室、小卖部、洗手间等处当然也不例外。展示灯具最基本的用途就是照明。

2. 烘托展品特色、渲染展示环境

任何展品都有自己的特殊性能或外形特点，这类特色大多可以通过灯光照明突显出来。例如，对历史博物馆的古代文物照明设计，整个展厅宜选用凝重的色调，柔美的光色来突出展品、渲染环境。再如，对丝绸织物等展品的照明，宜采用淡雅而富于轻缓变化的灯光去烘托。多姿多彩的现代灯具、多变的灯光效果，能很好地展现展品特色（图 8-13)。

图8-13　选择合适的灯具能给空间增色不少

3. 标志方向位置

在大型展示场馆里，展示门类多，展位部署复杂，还有许多服务场地、参观通道等。于是，大量的标志物、指示灯不可缺少。比如，展品标牌、展位方向、购物、休息所处的位置，洽谈、咨询地点的标记以及紧急安全出口等，都可以通过统一安排的各式彩灯、光牌明示于参观者。

8.4.2　展示灯具与安装

常用展示照明灯具主要有吊灯、吸顶灯、镶嵌灯、投光灯、轨道灯、壁灯、槽灯、分色涂膜镜和地灯等（图 8-14)。

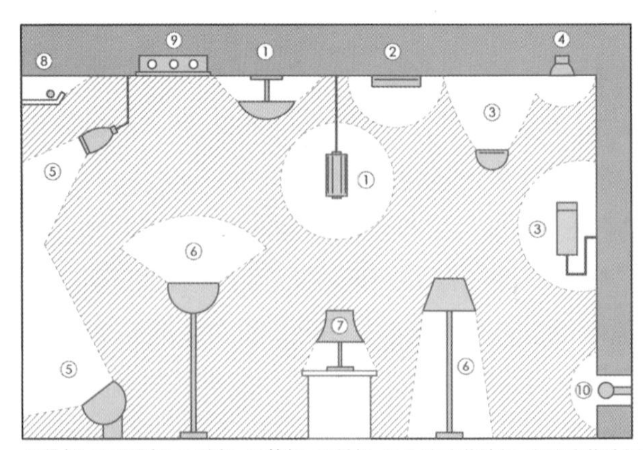

①吊灯　②吸顶灯　③壁灯　④筒灯　⑤射灯　⑥上照式落地灯、直照式落地灯　⑦台灯　⑧反射槽灯　⑨格栅灯盘　⑩脚灯

图8-14　灯具在空间中的分布示意图

1. 吊灯

吊灯的装饰性很强，一般出现在室内空间的中心位置，它的艺术造型要与整个空间环境的艺术

风格、装修档次相匹配（图 8-15 和图 8-16）。吊灯一般安装在距顶棚 50～1000mm 处，光源中心距离天棚以 750mm 为宜。吊灯的光源可以是白炽灯泡，也可以是 U 形节能荧光灯管。

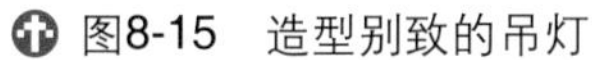

图8-15　造型别致的吊灯

图8-16　上海世博会韩国馆中具有浓郁民族风格的吊灯

2. 吸顶灯

吸顶灯是固定在展示空间顶棚上的基础照明光源。灯罩有球体、扁圆体、柱体、椭圆体、锥体、方体、三角体等造型（图 8-17）。所用光源功率白炽灯泡有 40W、60W、75W、100W 和 150W 等。荧光灯管一般选用 30W 或 40W 等，形状有直管形、环形和 U 形等。

图8-17　形态各异的吸顶灯

3. 镶嵌灯

镶嵌灯是安装在展示空间顶棚内的灯具，灯口与顶棚面基本平齐，作为基础照明用，如筒灯（图 8-18）、灯棚等。在吊顶中装入荧光灯管或白炽灯，可以做成隔绝式或漏透式的吊顶。前者是以毛玻璃遮挡光源作为展示的装饰照明；后者采用木格片、金属格栅等适当地遮挡光源。

图8-18 筒灯

如果将天棚的全部或某些局部作为灯具来处理，这种形式称为发光天棚（图 8-19）。它是镶嵌灯具的演化。用透光材料取代该部分天棚的装修材料，如毛玻璃、PVC 透光片等。光源一般选用直管形荧光灯。

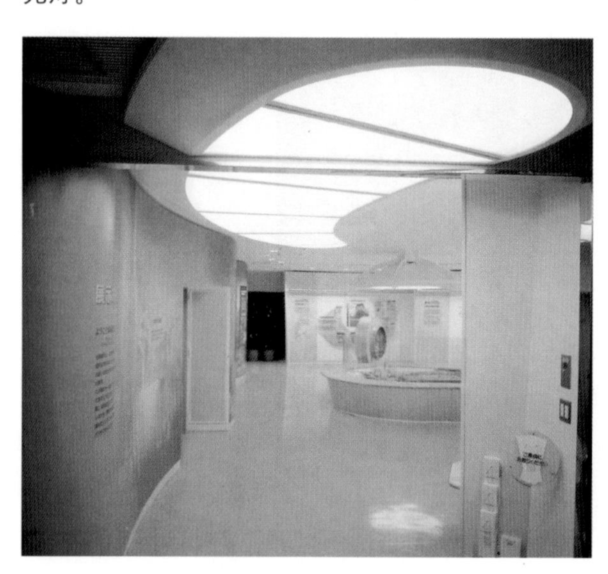

图8-19 发光天棚

4. 投光灯

投光灯为小型聚光照明灯具，有夹式、固定式和鹅颈式，通常固定在墙面、展板或管架上，可调节方位和投光角度，使用灵活方便，主要用于重点照明或局部点缀（图 8-20～图 8-22）。

5. 轨道灯

在展示空间中央顶棚上装配金属导轨，导轨上再安装若干可移动的反射投光灯的照明灯具（图 8-23 和图 8-24）。

图8-20 投光灯对绘画作品进行重点照明

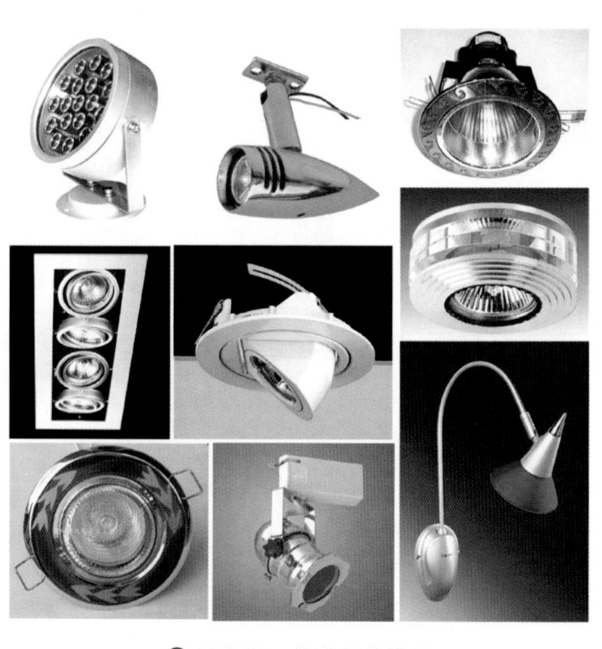

图8-21 投光灯的种类

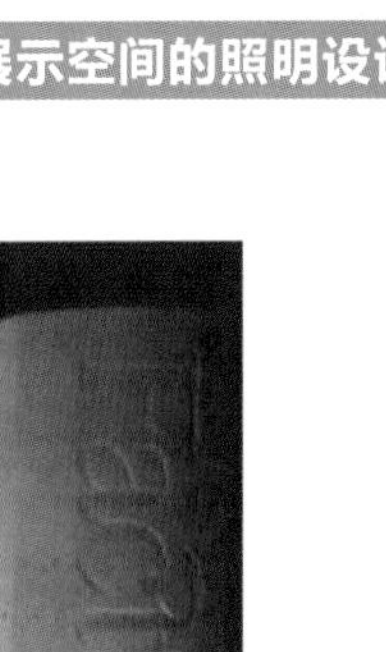

图8-22　投光灯在展示空间中的运用

图8-23　轨道灯

图8-24　轨道灯的运用

6. 壁灯

安装于墙壁上的灯具叫壁灯。壁灯一般是作为装饰照明来使用（图 8-25）。展厅环境中，在无法安装其他照明灯具的情况下，可以考虑用壁灯来进行功能性照明。在高大的空间里，选用壁灯作为补充照明，可以解决照度不足的问题。

7. 槽灯

槽灯安装在反光灯槽上，一般设计在顶棚四周或大厅顶棚梁条上，光源隐蔽，主要通过反射起光照的作用，属于间接照明方式（图 8-26）。槽灯的装饰效果就是在顶棚上会出现一条白色或彩色灯带，光线均匀柔和，无明显阴影，也不易产生眩光。直管形荧光灯和彩色软管灯一般作为槽灯使用。

8. 地灯

地灯是安装在地上的灯具，一般用在气氛照明和一般照明的补充照明上。地灯多用于大型购物中心的外部地面装饰，在夜晚，如同点点繁星落地；或作橱窗灯光之用。

图8-25 造型别致的壁灯

图8-26 槽灯的运用

思考题:

1. 展示照明的布局形式有哪几种?
2. 展示照明的投射方式有哪些?
3. 展示照明设计要注意哪些问题?
4. 展示照明常用灯具有哪些,各自有什么用途?

第9章 展示设计的流程

一项展示活动的成功与否离不开周密翔实的运作，这个运作是由一系列流程指导的。展示设计的流程包括展示的前期策划、展示的艺术设计、展示的技术设计、展示工程的实施几个部分。

9.1 展示的前期策划

1. 组建筹委会

展示筹备委员会或领导办公室的组建，应取决于展示活动的规模与等级。通常，筹委会下面设各直属机构，如（设计组）、财务组、储运组、宣传组、接待组、策划组、施工组、保卫组等。以便在统一的领导下开展工作，按照办展的要求，分头筹备、紧密协作。

2. 编写展示文字脚本

由文字编辑人员根据办展的要求和领导的意图、展览内容与专业的需要来编写。并经初稿、讨论稿与定稿几个阶段的多次反复，最后形成指导性的展示文件。

（1）展示总体脚本

展示总体脚本的编写内容主要包括：展示活动的目的与要求、指导思想与原则、展示的主题与内容、展示的计划资金、展品资料征集与范围、展出规模与面积、表现形式与手法、艺术与技术设计、施工管理与要求、展出的时间与地点等。

（2）展示细目脚本

展示细目脚本的编写内容主要包括：对每个部分的主副标题、文字内容、实物和图片、图表的统计等都基本明确，对展示道具与陈列、照明与色彩、材料与工艺的要求、对表现媒体及形式的建议等都有明确要求。展示细目脚本是把总体脚本中重点的部分更进一步详细化、具体化，以便作为进一步设计的指导性依据。

3. 征集、注册展品资料

以文字脚本的内容要求为依据，由专门分管事务公关的人员负责对展品资料的征集与选择，并进行登记和注册。注册的主要内容有编号、选送单位、品名、数量、规格以及展品文字与图片说明等。注册的目的是为展示设计具体化的进行作准备，同时也为结束展览后的清理退还工作奠定了基础。

“展示的前期策划”这一阶段，主要由展示活动的筹办方（也就是我们俗称的甲方）来负责策划，他们可能是一个企业、一个单位或者是政府部门。展示设计正是在他们计划的前提下以委托或下达任务的形式开始的。前期策划工作虽然不是真正意义上的设计工作，但包括了许多前期设想、筹备和组织工作。许多商业性的展示活动还包括资金筹集、广告、宣传活动等一系列的工作，这些工作虽然并不一定由设计师担当，但其进展将直接影响到展示的效果和后期设计工作的进程，因而展示设计师应积极参与这项工作。

9.2 展示的艺术设计

展示的艺术设计，是展示设计师运用创造性思维将展示主题和内容进行形象化表现的过程。这一过程分为三个步骤，即搜集有关资料、设计的创意构思、设计构思的表达。

1. 搜集有关资料

为了确保展示设计方案的顺利实施，设计师要在正式展开设计工作之前，必须全面了解和掌握必备的资料与数据，包括以下几方面。

(1) 对客户的调查和了解

展示活动的主体是客户及其产品，对客户的深入调查和充分了解是设计前重要的步骤。一般从以下几个方面入手。

① 了解客户的企业理念。如果展示的内容与企业有关，就应该对企业的经营理念、形象进行考察和了解，准确把握企业的视觉传达系统。现代展示设计，往往都引入了“企业形象系统 (CIS)”的概念，即将整个展示活动视为一个系统的活动，有一个统一的形象，以利于整个展示活动对外宣传和推广。这个形象系统包括标志、色彩系统、符号系统、吉祥物、广告语等。它们对于后期的具体设计实施都有指导作用 (图 9-1)。

图9-1　麦当劳的形象已深入人心

② 熟悉客户的展品的种类、尺寸和数量。设计者对实物展品必须熟悉，要了解它们的长、宽、高的尺寸，材料、质地以及特征，还有种类和数量等，这直接关系到展具的制作、展示的方式和空间的构想等。

③ 了解客户的布展目的和预期效果。布展目的和预期效果是客户展示计划的根本，是展示设计的出发点，设计者只有理解、吃透，才能准确把握设计的方向。这就要求设计者和客户要及时沟通，了解客户的想法，以避免后期的设计走入歧途。

(2) 对市场的调查

通过市场调查，设计者可以了解同类展示活动的形式和技术应用；目标观众对一般展示活动的认同感及对展示效果的评价；分析影响展示效果的各种因素；掌握展示活动中使用电动、电子、光电和其他技术产品的各种参数、市场价格及厂家。通过调查还可以对客户的主要竞争者及其产品情况进行了解，在市场竞争中做到“知己知彼”，保证设计者具有第一手资料。

(3) 布展现场相关资料

任何展示都是在一定的空间内完成，对布展现场的了解至关重要。除了可供参考的建筑图纸外，还必须对现场进行勘察，核对图纸与现场的各项数据，熟悉展览场地的情况，了解现有设施。具体内容包括：

① 测量实际的空间尺寸，包括空间的长、宽、高、柱距、门窗的开启方式及尺寸、天棚吊顶的结构形式等，以及原有的照明设施情况，包括配电间位置、插座和灯具位置、展厅的供电方式等。消防设施也是设计者应该注意到的。

② 如果展示中有大型的机械设备和电动装置等，还必须确定展示场地的地面负荷情况以及供电线路的负荷。

2. 设计的创意构思

具备了必要的前期准备后，设计者对设计目的和要求有了详细的了解，这

为设计创意构思提供了前提条件。一个好的创意会使设计富有个性及特点，并引导设计向着正确方向发展，最终达到预期目的。创意构思分为两个部分：总体设计和单项设计。

(1) 总体设计

总体设计是整个展示设计的关键和基础，对各单项设计做出了统一的规定、原则与要求。总体设计是从全局和整体的艺术效果出发，来确定展示空间室内外环境气氛、总的平面布局、空间的衔接与过渡处理、各展厅的平面布局和空间形象、总体色调与各局部的色彩关系、整体与局部的照明设计、统一的版式设计，以及装饰风格和展示有关的一些设计项目，如会徽、宣传品、纪念牌、票证等。总体设计师在这一过程中必须以整体的观念来从事设计活动，全面统筹，以保证展示设计的完整性。有了上述这些周密的考虑与设计，其后的各单项设计才能在此基础上确保设计风格的统一，并取得好的展示效果，避免财力、物力和时间上的浪费。

总体设计的重点主要反映在以下两方面。

① 展示空间的规划

展示空间的规划主要指展出场地的平面、立面和空间的组织过渡安排。

平面的组织规划，应根据展示内容的分类划分出各具体陈列功能的场地范围。按展出内容的密度、载重、动力负荷，考虑总体平面空间面积的合理分配和确定具体的展示尺度。同时，要考虑观众流线、客流量、消防通道等因素，结合展示活动的性质特点，而规划出公共场地的活动面积（图 9-2）。以上各项平面空间要素的组织划分均应以平面图的形式表现出来。

展出场地立面的组织规划，应在平面图的基础上，根据各个展示功能的地面分区，考虑其展线的分配，从而确定具体的展示内容和表现形式。

空间的组织过渡处理，主要是在平面、立面规划处理的基础上，根据现存的建筑结构形式来确定空间的组织方式。

② 展示基调的确立

展示基调的确立，主要指展出环境的色彩基调和文风基调。

展出环境的色彩基调，是来自于环境色彩的色相、明度、纯度的选择和搭配。色彩组织的关键在于，根据展出内容的特性、展出场地的环境特色、展出的

图9-2 确定人流的活动路线是场地规划的关键

时间季节、展品的固有色彩、展厅的采光效果及功能区域划分等因素，来选择适宜的色彩基调，并提出相关色谱，从而画出色彩效果图。

展出形式的文风基调，主要指文字的表达风格、字形的选用、文字的组合和比例尺度、书写加工的规范等与字体设计相关的因素。

（2）单项设计

展示的各个单项设计是在总体设计的指导思想下，按照具体的展示要求来设计的。一般来说包括以下几项。

① 展厅外部环境气氛的创造

除了在建筑物的正面墙上或门楣上、门廊上挂会标（会衔）之外，如果建筑周围有较大空间，可以设计花坛、旗幡、广告牌、雕像或塔门、灯彩和电动装置等，来加以渲染和强化，以便吸引观众。

② 各个局部展厅内部环境气氛的创造

其主要通过空间界面的色彩、照明，展厅内悬挂旗帜、标语、照片、会徽、彩灯，摆放或悬挂花草，使用霓虹灯、电子显示装置和广告装饰等来表现（图 9-3 和图 9-4）。

图9-3　照明的艺术处理

图9-4　利用底部的灯光为展台营造了一种特殊的氛围

大型展览会的各个展厅,要各有特点。根据内容的需要,可通过吊顶升降、地面高低变化、墙体倾斜等手段,创造不同的空间形象,再配合色彩、照明、装饰、激光或电子技术,引起观众的兴趣（图 9-5)。

图9-5　光纤灯装饰技术已经越来越多地使用在现代展示活动中

③ 展示道具设计

展示道具设计在尺度上,既要符合展品尺度要求,又要符合人体工程学的要求。在造型、色彩、装饰和肌理等方面,则要符合视觉传达设计的规律,让人赏心悦目。展示道具包括展柜、展台、展板、展架、布景箱、栏杆、屏风、花草、方向标牌、单位标牌、标志广告牌、灯箱、各种小支架,以及沙盘、模型等(图 9-6)。

④ 展示的动态演示

展示的动态演示包括动态展示、光电显示、影视设施等。在动态展示中,有些电动设施需要设计、制作,如转台等；光电显示则要使用光电技术显示屏幕；影视设施包括单体的录像放映屏幕（或电视机)、组合式的录像连接屏幕、多幕电影屏幕、巨幅幻灯屏幕等（图 9-7)。

⑤ 展示的版面设计

展示的版面设计包括以下四部分内容：展览版面（图 9-8)、 展览招贴（海报)、展览宣传册、参观券与请柬。

⑥ 纪念品

大、中型展览会和出国展览,特别是具有某种纪念意义的展览会和展出活动中,都要准备一些纪念品（提袋、日历、钢笔或圆珠笔、卷尺、名片盒、本册、画册和吉祥物等),赠送或出售。这些纪念品上,都印有展览活动的名称,或厂家、集团的标志与名称,这可以起到很好的广告宣传作用。

3. 设计构思的表达

优秀的创意构思只停留在设计师的脑海里,把不可视的构想变成具体形象的设计,则需要把它们实现在图纸上。这种表达的过程,是使展示设计的概念和内容形象化,是展示活动从计划变成现实的必要步骤。表达方式以方案图和预想图为主,主要是表达设计想法,不需要很精确的尺寸。

(1) 方案图

方案图包括平面布局的方案图、各展厅的平面、顶面与立面方案图、道具设计方案图、室外环境设计方案图和版面设计的方案图等。根据需要还可以用设计分析图来辅助说明,如展厅功能分析图、展厅人流分析图等（图 9-9)。平面布局的方案图是反映整个展示活动的总平面布局,表达各个展区的分布及功能区域的位置,根据展馆规模,一般采用 1 : 100、1 : 200 或 1 : 500 的比例绘制。各展厅的平面方案图则是在以上的基础上更为详细具体。

图9-6　展示会上的模型道具

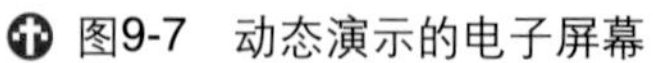
图9-7 动态演示的电子屏幕

图9-8 “走进世博会”——中国2010年上海世博会巡回展的展览版面设计

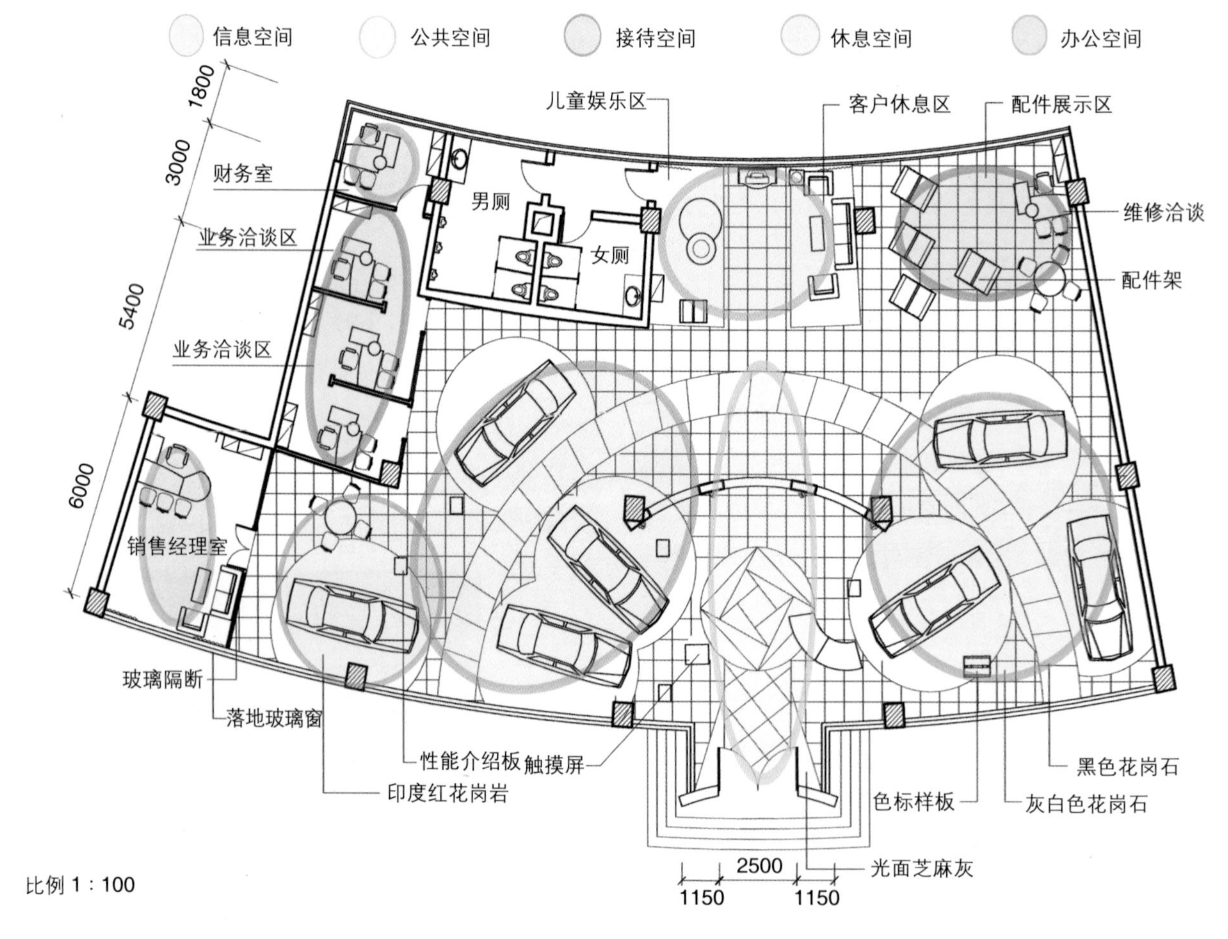

图9-9 某汽车展厅功能分析图

（2）预想图

为了比较清晰地反映出展示设计的艺术风格特点，还应当将部分展示重点以预想图（效果图）的形式表达出来，以便于有关部门和领导了解、审核。例如展示空间的预想图（图 9-10）、色彩效果的预想图、照明效果的预想图等一系列表现图。在电脑辅助设计普及的情况下，这一类的表现图常常采用三维软件来制作立体效果图，能真实直观地模拟设计构想中的场景。

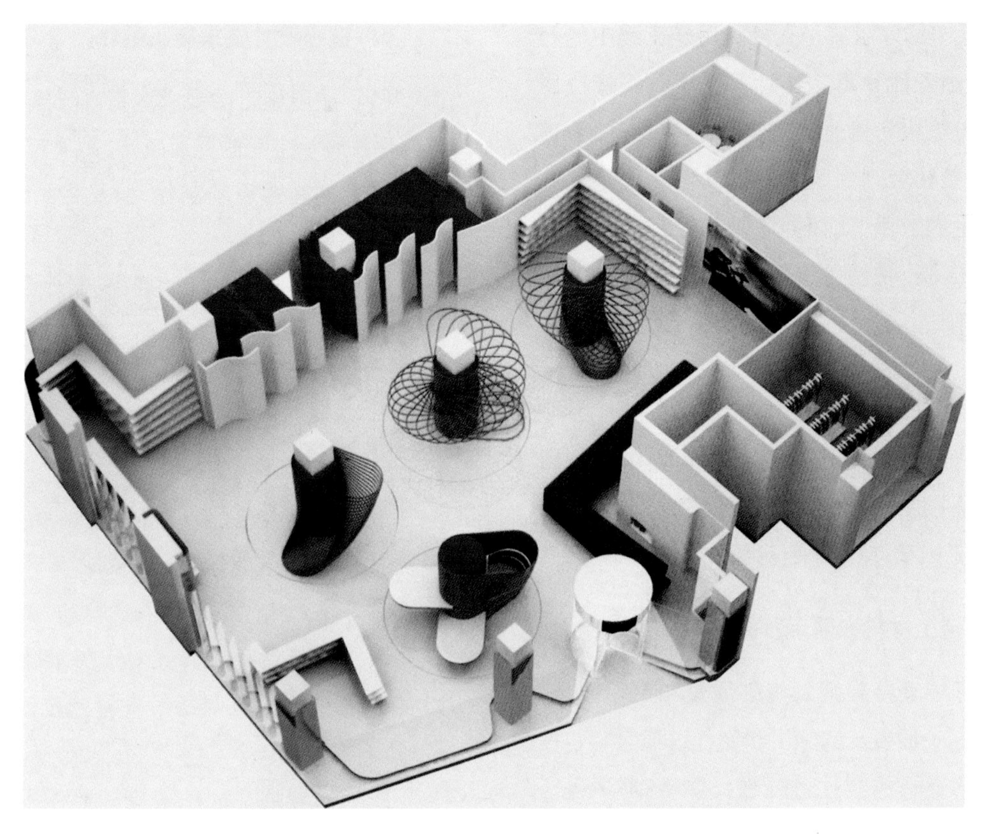

图9-10　日本东京YS品牌店的空间展示预想图

9.3　展示的技术设计

当艺术设计方案通过论证、审批、定案后，可采用技术性的表现形式进一步陈述设计意图，即绘制技术性图纸，作为施工制作的蓝图，并存档备案，这项工作就是技术设计。

需要进行技术设计的内容包括：对艺术设计阶段的方案图做进一步推敲，绘制出标有精确尺寸和详细材料的展厅平面图、顶面图、立面图、详图，以及展示道具的制作工艺图，作为工程施工使用；另外，还要设计出照明与动力配置的线路图、音响和电子设施计划，以及防盗设施等特殊设计的施工图。这些施工图纸要严格按照国家有关的规范绘制（一般采用国家对建筑及室内设计制图的规范），并通过有关部门审核。图纸所表达的对象应该构造关系明晰合理，尺寸准确无误，所用材料明确详细。这些技术性的设计工作是整个展示设计艺术效果得以完美实现的关键。

9.4　展示工程的实施

设计图纸的完成并不意味着设计过程的完结。要将设计的意图完全变成现实，这中间还有一个施工、制作及安装、调试的过程。根据审定的艺术设计与技术设计方案，即可开始施工。工程的实施分为以下几步。

1. 工作的交接

设计阶段到施工制作阶段的交接工作，首先应当由设计师就设计图纸向施工部门作技术交底，即向施工部门介绍设计中的重要部分及制作中的难点，以及需要施工部门在制作过程中应当注意的事项。

2. 编造工程预算

一份详细的预算报告是工程得以顺利实施的关键。工程预算费用由直接费用、间接费用、其他费用、利润及税金五个部分组成。直接费用是工程中的一项基本费用，由工程预算定额计算得出；间接费用是工程施工为组织和管理所需支出的费用，如管理费、临时设施费和劳动保险金等；其他费用是在施工中实际发生的费用，比如异地补贴费、差价费、运输费、远地施工费、税费等。预算非常重要，它关系到最后的利润产生。

3. 制定施工进程表

展示的施工、制作必须在预定的时间内完成，因此在时间进度上必须统筹策划、合理安排，以免工程延期、影响施工质量，造成不良后果。

4. 购买施工材料和展示器材

材料的好坏直接影响到施工质量和展示效果，需严格把关。一般展示的施工和制作过程常常包括一些特殊规格道具的制作，如展台、展柜、屏风等。如果参加的是商业性的短期展览，应当尽可能采用标准化的展示器材，如可拆卸、循环使用的展架、展板等，减少临时制作的工作量，降低成本。而长期性的展览如博物馆等，项目的施工、展具的制作，工程量就大得多，常根据展品的特点来定做展示道具。

5. 按照设计要求施工制作

(1) 按照施工图要求进行现场施工。施工的内容包括：展示空间的界面装饰、吊顶装饰、地面装饰、部分展示道具的现场制作，以及相关音响和电子设施的安装等。

(2) 按照版面设计的要求，制作好展览版面、展览招贴（海报）、展览宣传册、参观券与请柬，以及展览所需的纪念品等。

6. 布展

工程验收合格后，即可进场布展。展示活动的布展时间是非常有限的，故要求有计划、有条理地进行。

(1) 安装活动展具。对于标准化的展示器材，如展台、展柜、展架、展板等安置到位，并进行清洁和装饰。

(2) 布置展品。一般应按照先上后下、先后后前、先高后低、先里后外的顺序进行布置。

(3) 检查、调整。展品布置完后，应全方位进行检查、审视，从而能及时调整。

(4) 收拾、打扫场地，保证展示环境的清洁、卫生，等待开展。

思考题：

1. 展示的前期策划有哪些程序?
2. 总体设计过程中要注意哪些问题?
3. 在设计的创意过程要注意哪些方面?
4. 展示的技术设计内容包括哪些?

第 10 章
展示设计的表现

展示的设计理念、创意构思必须通过视觉表达，才能将某些抽象的思维变成可视的图形形象，才能形成方案，并将其制作成形，使之变成现实的、实用的展示环境。要达到这一目的，就必须掌握设计的表现方法。展示设计的表现方法有工程图、效果图、模型。

10.1 展示设计工程图

工程图是设计者表达自己的设计意图，并用于指导施工的依据。所有从事工程技术的人员都必须掌握制图的技能，否则，不会读图，就无法理解别人的设计意图；不会画图，就无法表达自己的设计构思。展示设计师头脑里的方案构思通过工程图表达出来，工程人员按图纸进行制作施工，图纸表达得是否正确与施工的质量和最后效果有直接关系。因此，设计师必须掌握正确的制图方法和高超的表现技能，使自己的设计得以完美实现。

10.1.1 制图的基本知识

1. 图幅及图标

(1) 图幅

图幅是指图纸尺寸规格的大小，图框是指图纸上绘图范围的界限。图纸幅面及图框尺寸，应符合表 10-1 的规定及图 10-1 的格式。图幅因图纸内容分横式和立式两种。在同一工程中为便于装订、查阅、保管，应尽可能选择同一规格图纸进行设计。

表 10-1 幅面及图框尺寸　　单位：mm

尺寸代号 \ 幅面代号	A0	A1	A2	A3	A4
B×L	841×1189	594×841	420×594	297×420	210×297
c	10			5	
a	25				

(2) 图标

图标是指图纸的标题栏，表 10-2 为图纸常见的图标格式。

① 工程名称，是指某个工程的名字，如“××× 博物馆”。

② 项目，是指本工程中的一个建筑空间，如“门厅”。

③ 图纸名称，表明本张图纸的主要内容，如“立面图”。

④ 设计号，是设计部门对该工程的编号，有时也是工程的代号。

⑤ 图别，表明本图所属的工种和设计阶段，如“建施”(即建筑施工图)。

⑥ 图号，表明本工种图纸的编号顺序（一般用阿拉伯数字注写）。

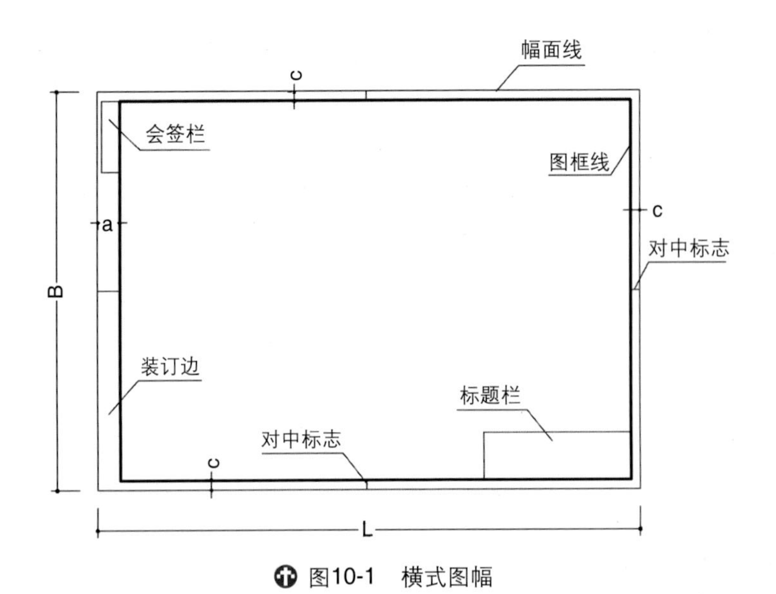

图10-1　横式图幅

表 10-2　图纸常见的图标格式

<table>
<tr><td colspan="3" rowspan="2">（设计单位名称）</td><td>工程名称</td><td colspan="2"></td></tr>
<tr><td>项　目</td><td colspan="2"></td></tr>
<tr><td>审　定</td><td></td><td></td><td>图 纸 名 称</td><td>设计号</td><td></td></tr>
<tr><td>审　核</td><td></td><td></td><td rowspan="3"></td><td>图　别</td><td></td></tr>
<tr><td>设　计</td><td></td><td></td><td>图　号</td><td></td></tr>
<tr><td>制　图</td><td></td><td></td><td>日　期</td><td></td></tr>
</table>

图标因图幅的大小及图纸的作用不同可分为大图标、小图标、会签栏和学生图标。

① 大图标，用于 A0、A1、A2 号图纸上，大小约 180mm × 50mm，位置在图纸的右下角。

② 小图标，用于 A2、A3、A4 号图纸上，大小约 85mm × 40mm，位置在图纸的右下角。

③ 会签栏，是为各工种负责人签字用的表格，其大小约 85mm × 20mm，放在图纸左面图框线外的上端。

④ 学生图标，用于在校学生作业，位置与大图标相同。

有些设计单位或专业图纸已有成形的图标，只需填写图标内容即可。

2. 比例

比例是指图形与实物相对应的线性尺寸之比。展示设计的图纸就是用恰当的比例表达实物的实际尺寸、缩小尺寸、放大尺寸。例如 2m 长的展柜，按 1 : 10 的比例画在图纸上，即图形的长为原长的 1/10（200mm）。展示设计图纸的常用比例为 1 : 5、1 : 10、1 : 20、1 : 50、1 : 100、1 : 150 和 1 : 200 等。

3. 图线

任何图样都是用图线绘制，图线是图样的最基本元素。图线有实线、虚线、点画线、双点画线、波浪线和折断线六类。各类线型、宽度、用途见表 10-3 所示。

每个图样应先根据形体的复杂程度和比例的大小，确定基本线宽 b，常用的 b 值为 0.35 ～ 1mm。在同一张图纸内，相同比例的各图样，应采用相同的线宽组。

4. 尺寸标注及单位

图样除了画出建筑物及各部分的形状外，还必须准确、详细地标注尺寸，以确定其大小，作为施工时的依据。图样上的尺寸由尺寸界限、尺寸线、尺寸起止符号和尺寸数字组成（图 10-2）。尺寸界限应用细实线绘画，尺寸线也应用细实线绘画，尺寸起止符号一般应用中粗短斜线绘画。

根据“国标”规定，图样上标注的尺寸，除标高和总平面图以米（m）为单位外，其余一律以毫米（mm）为单位，为了图纸简明，图上尺寸数字后不再注写单位。图样上的尺寸，应以所注尺寸数字为准，不得从图上直接量取。

当图样为不规则图形时，其尺寸可用网格法标注（图 10-3）。

直径、半径、圆弧及角度的标注方法有多种（图 10-4）。

表 10-3　图线的种类及用法

种　类	线　条	宽　度	用　法
标准实线		b	立面轮廓线；表格的外框线等
粗实线		b 或更粗	剖面轮廓线；剖面的剖切线；地面位置线；图框线等
中实线		0.5b	建筑平、立、剖面图中一般构配件的轮廓线：平、剖面图中次要断面的轮廓线；家具轮廓线；尺寸起止符号等
细实线		0.25b	图例线、索引符号、尺寸线、尺寸界限、引出线、标高符号、较小图形的中心线；瓷砖、地板接缝线；表格中的分格线等
细虚线	- - - - - - - - - - -	0.25b	不可见轮廓线
细点画线		0.25b	定位轴线、中心线（灯具）、对称线
细双点画线		0.25b	假象轮廓线、成形前原始轮廓线
折断线		0.25b	不需画全的断开界限
波浪线		0.25b	不需画全的断开界限

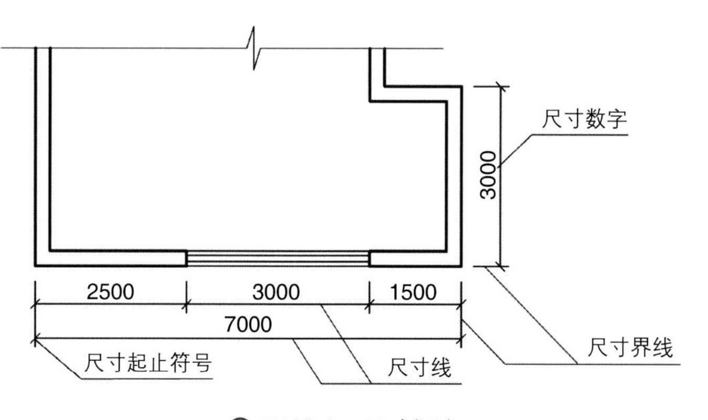

图10-2　尺寸标注

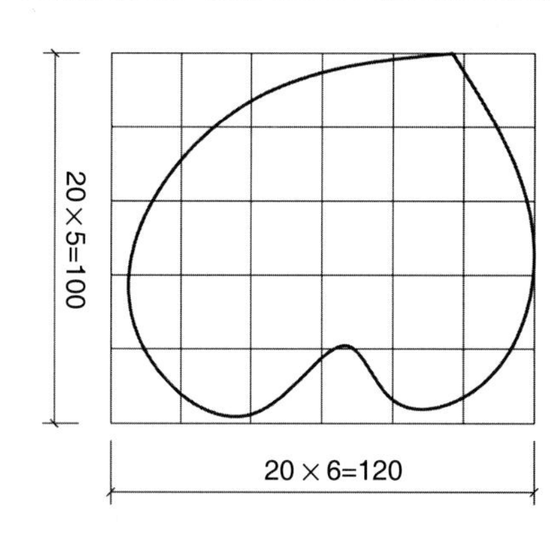

图10-3　不规则图形的尺寸标注

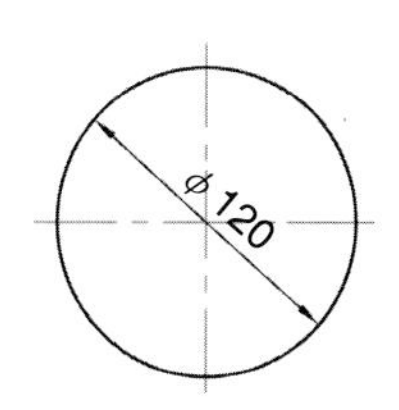

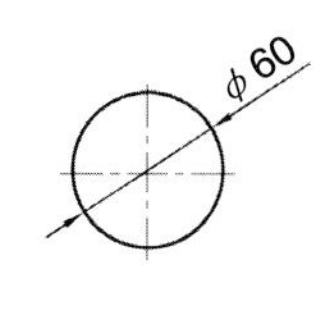

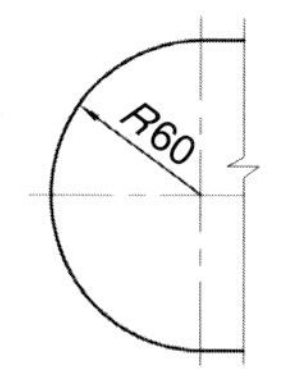

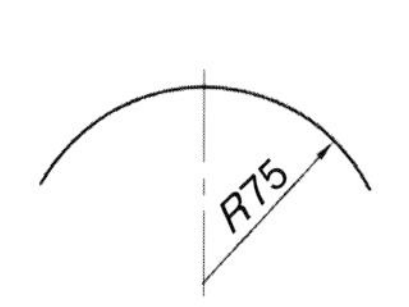

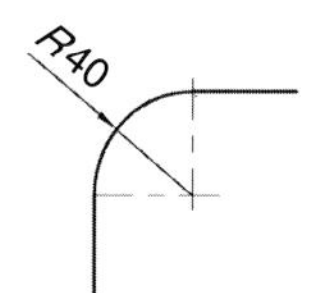

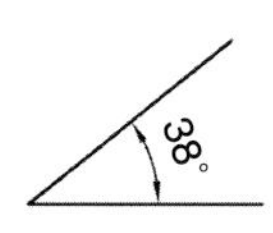

图10-4　圆、圆弧及角度的表示方法

5. 定位轴线

定位轴线是设计工程中表达建筑空间主要承重构件（柱、墙等）位置的线，是施工定位、放线的重要依据。

定位轴线用细点画线表示，一般应编号。非承重的隔断墙以及其他次要承重构件等，则不编轴线号。轴线编号在定位轴线的末端用8～10mm直径的圆圈表示，圆圈内注明编号。水平方向用阿拉伯数字由左至右依次编号；垂直方向用大写英文字母由下往上依次编号，一般不采用“I、O、Z”三个字母（图10-5）。对个别定位轴线的编号方法也有要求（图10-6）。

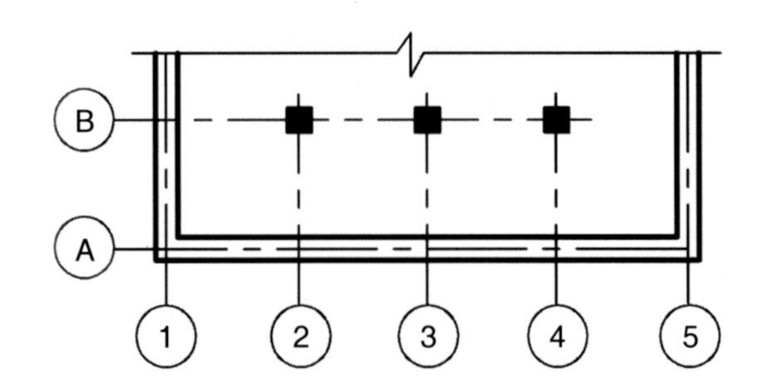

图10-5 定位轴线的编号方法

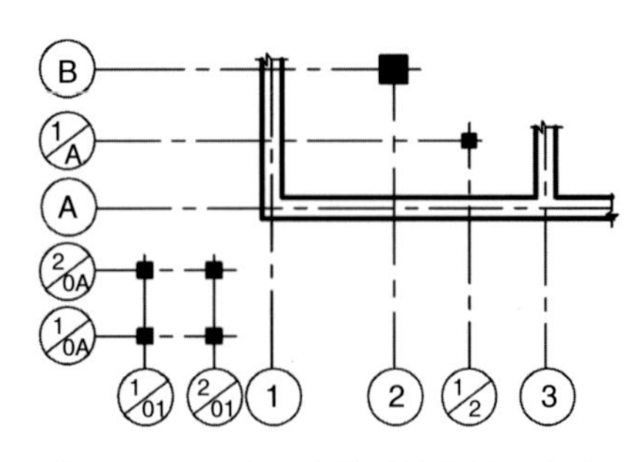

图10-6 个别定位轴线的编号方法

6. 符号和图例

（1）标高符号

标高是标注建筑物高度的一种尺寸标注形式。标高符号应以直角等腰三角形表示，用细实线绘制（图10-7(a)）。如果标注位置不够，则要用引出线的形式绘制（图10-7(b)）。

标高符号的尖端应指至被注高度的位置，尖端一般应向下，也可向上。标高数字一般以米（m）为单位，标注到小数点后第三位（图10-7(c)）。一般把室内首层地面高度定为相对标高的零点，写作“±0.000”。高于它的为正，但标高数字前面一般不注“+”符号，低于它的为负，标高数字前面必须注明“－”符号。

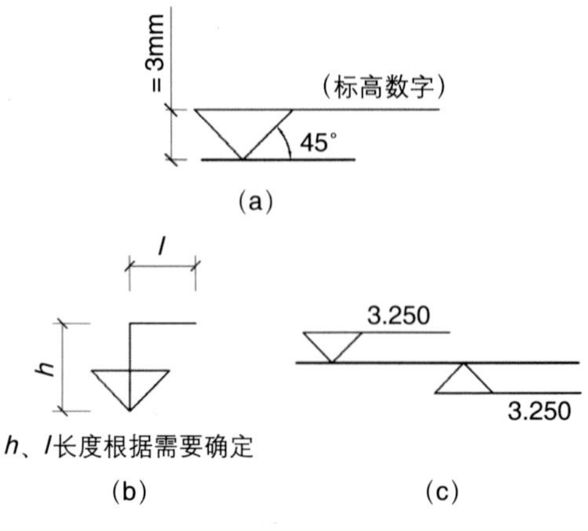

图10-7 标高的标注

（2）剖切符号

剖面的剖切符号由剖切位置线和剖视方向线组成，均以粗实线绘制。剖切时剖切符号不能和图面上的图线相接触，剖视方向线垂直于剖切位置线。剖切符号用阿拉伯数字按顺序从左向右、从下至上进行标注，并标注在剖视方向线的端部（图10-8）。

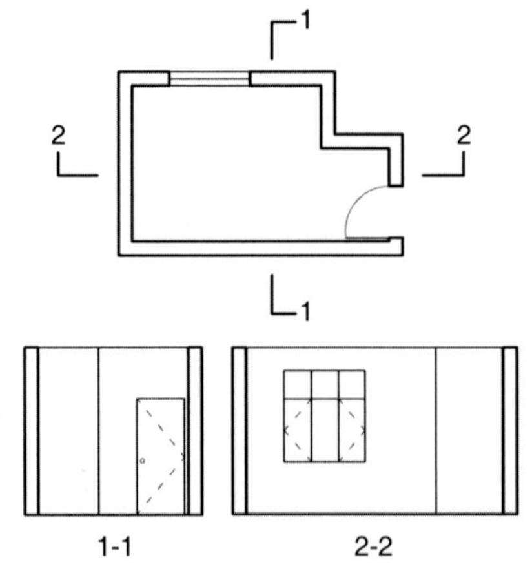

图10-8 剖切符号实例

（3）索引符号与详图符号

① 索引符号

图样中的某一局部或构件，如需另见详图，应以索引符号索引（图10-9）。索引符号的圆圈用细实线绘制，圆的直径为10mm（图10-10）。

② 详图符号

详图的位置和编号，应以详图符号表示，详图符号的圆应以粗实线绘制，直径为14mm（图10-11）。

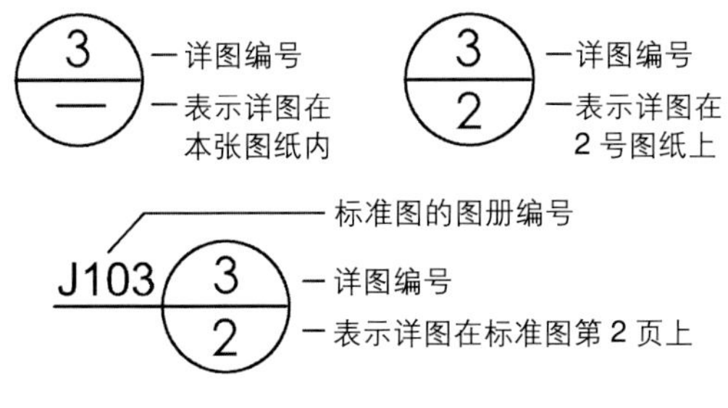

图10-9　索引符号

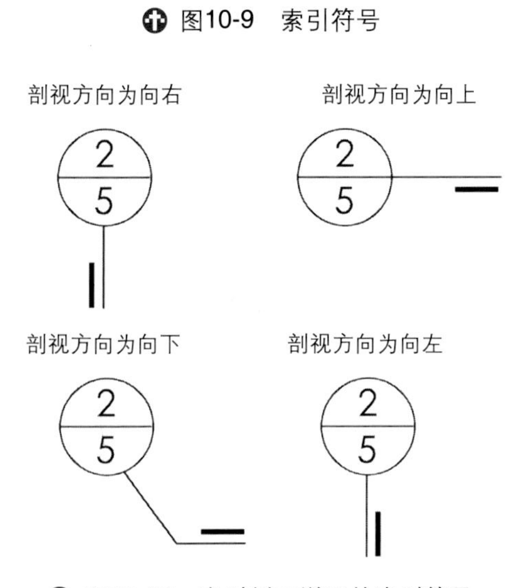

图10-10　索引剖面详图的索引符号

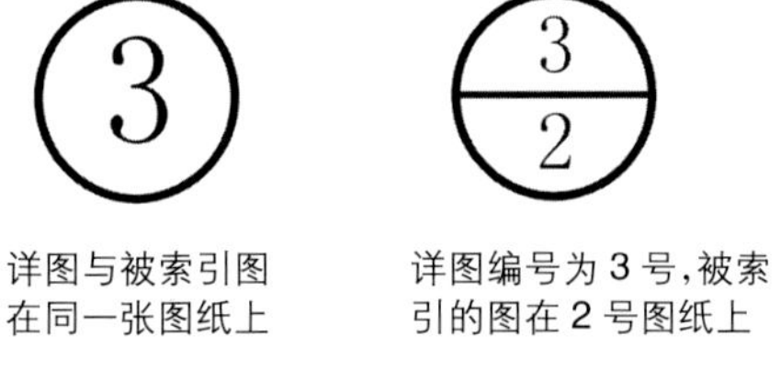

图10-11　详图符号

（4）引出线

引出线应以细实线绘制，宜采用水平方向的直线，或与水平方向成 30°、45°、60°、90° 的直线，或经上述角度再折为水平线。文字说明宜注写在横线的上方或端部。索引符号的引出线，应与水平直径线相连接（图 10-12）。多层构造共用引出线，应通过被引出的各层（图 10-13）。

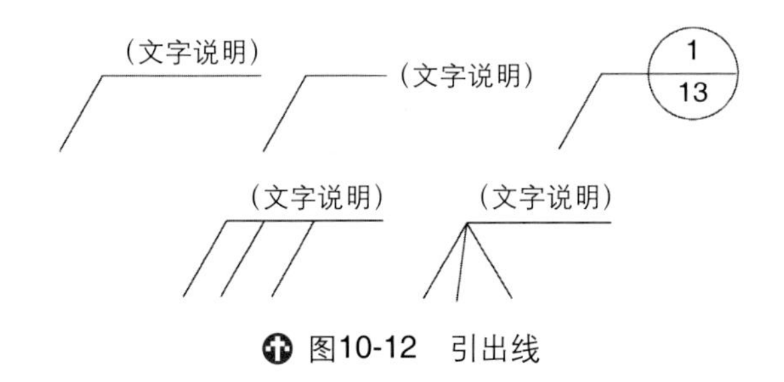

图10-12　引出线

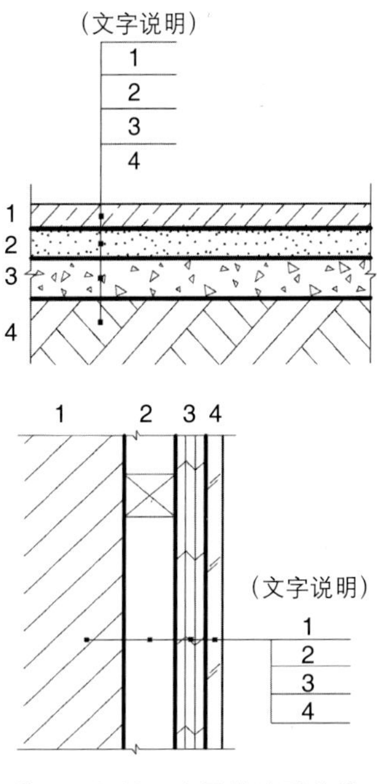

图10-13　多层构造引出线

（5）常用家具材料剖面符号及图例

常用家具材料剖面符号见表 10-4 所示。部分材料如玻璃、镜子等在视图中（未采用剖视画法）也可画出图例以表示其材料，见表 10-5 所示。

（6）常用建筑材料图例

常用建筑材料图例见表 10-6 所示。

（7）建筑构件图例

展示设计的平面图纸经常涉及门窗、楼梯的绘制。为了方便绘图，加快作图速度，建筑制图标准（GB/T 50104—2001）对这些建筑构件的画法作出了规定，见表 10-7 所示。

7. 图纸清单的制作

为了使完成的多张设计图纸易于管理而制成的图纸一览表称为图纸清单，相当于书的目录，所以通常将图纸清单放在一系列图纸开始之前，见表 10-8 所示。

8. 绘图工具

（1）手绘工具：丁字尺、直尺、三角板、比例尺、铅笔、针管笔、模板、圆规、曲线板和蛇尺等。

（2）计算机制图软件：一般用工程制图软件 AutoCAD 2004、AutoCAD 2008 等绘制，也可用 CorelDRAW 等作图软件。

表 10-4　常用家具材料剖面符号

名称			剖面符号	名称	剖面符号
木材	横剖（断面）	方材		纤维板	
		板材		薄木（薄皮）	
	纵剖		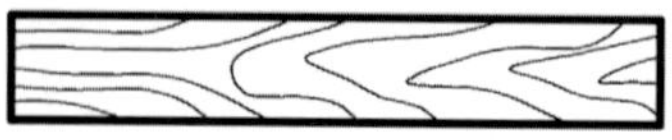	金属	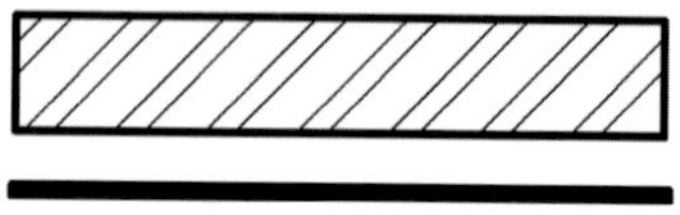
胶合板（不分层数）			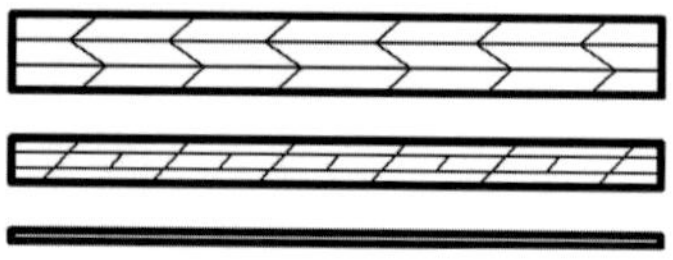	塑料有机玻璃橡胶	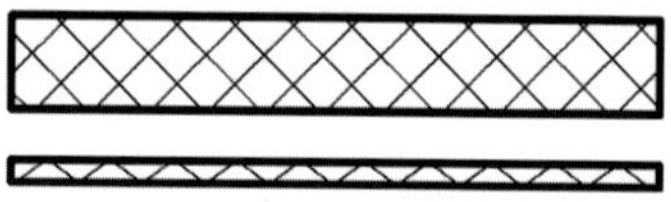
覆面刨花板			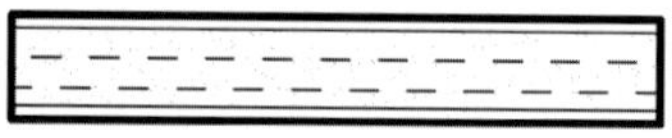	软质填充料	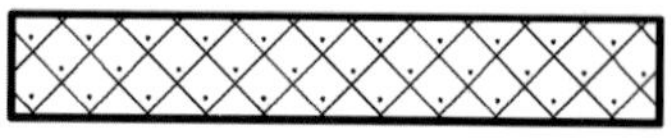
细木工板	横剖		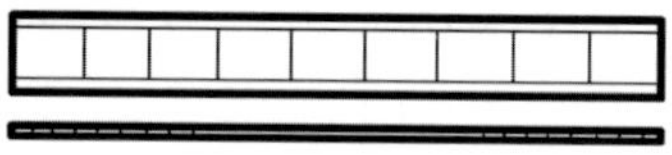		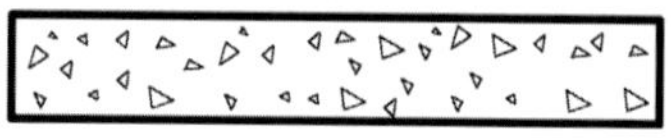
	纵剖		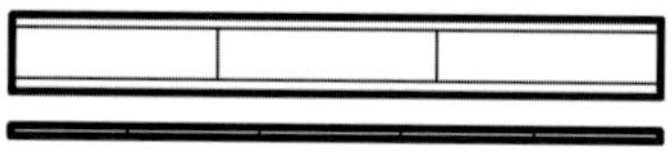	砖石料	

表 10-5　视图中的材料图例

名称	图例	剖面符号	名称	图例	剖面符号
玻璃	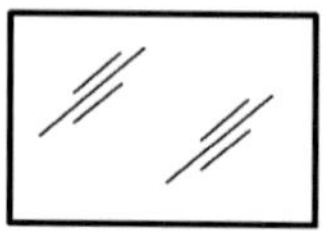		金属网	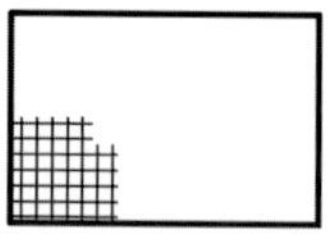	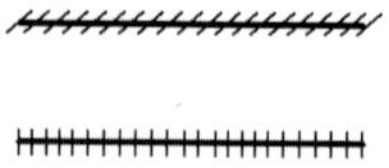
编竹	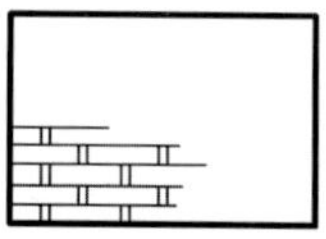		藤织	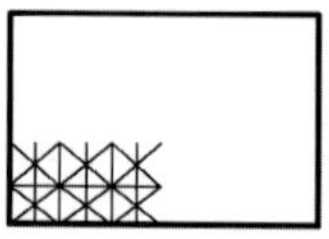	
镜子	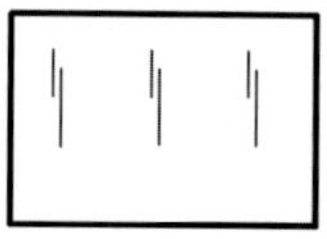	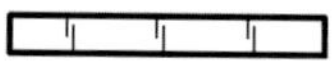	空心板	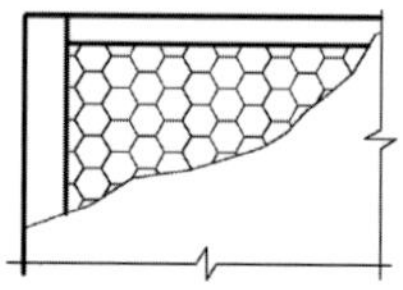	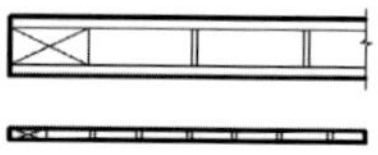

表10-6 建筑材料图例（1）

序号	石 材	图 例	备 注
1	自然土壤		包括名种自然土壤
2	夯实土壤		
3	沙、灰土	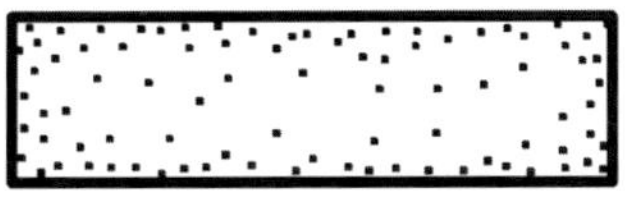	靠近轮廓线绘较密的点
4	砂砾石、碎砖、三合土	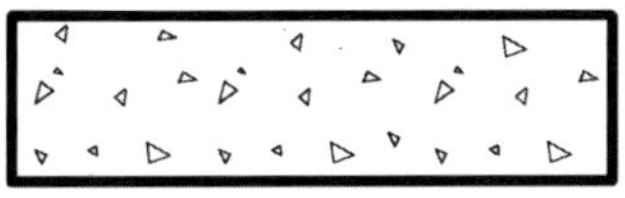	
5	石材	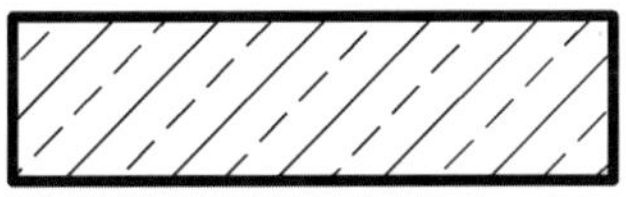	
6	毛石		
7	普通砖	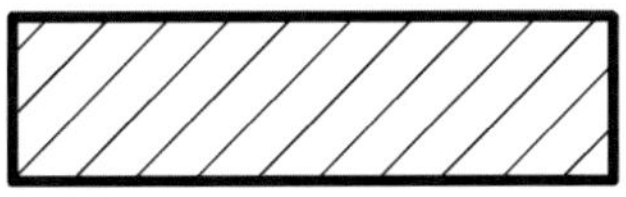	包括实心砖、多孔砖、砌块等砌体。断面较窄不易绘同图例线时，可涂红
8	耐火砖	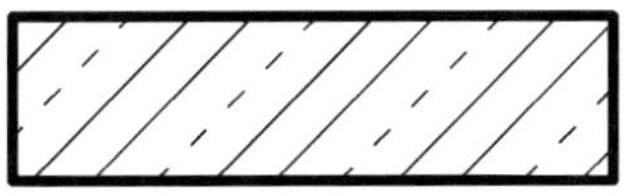	包括耐酸砖等砌体
9	空心砖		指非承重砖砌体
10	饰面砖	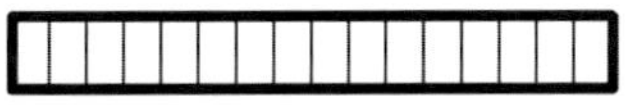	包括铺地砖、马赛克、陶瓷锦砖和人造大理石等
11	焦渣、矿渣		包括与水泥、石灰等混合而成的材料
12	混凝土	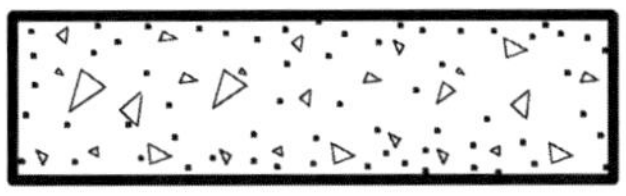	(1) 本图例指能承重的混凝土及钢筋混凝土 (2) 包括各种强度等级、骨料、添加剂的混凝土 (3) 断面图形小，不易画出图例时，可涂黑
13	钢筋混凝土	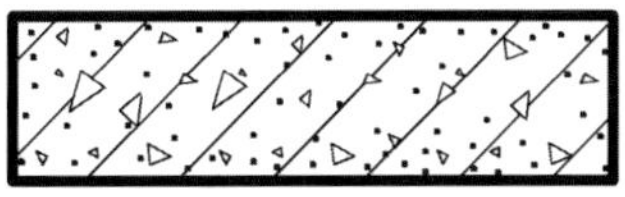	
14	塑料	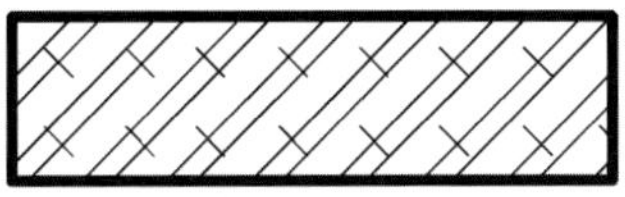	包括各种软、硬塑料及有机玻璃等

续表

序号	石 材	图 例	备 注
15	多孔材料	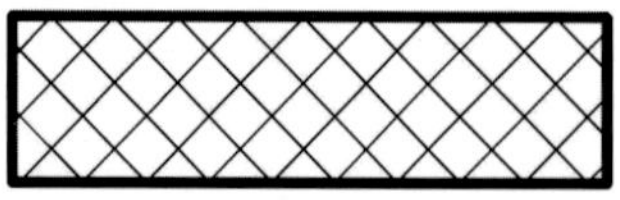	包括水泥珍珠岩、沥青珍珠岩、泡沫混凝土、软土、蛭石制品等
16	纤维材料	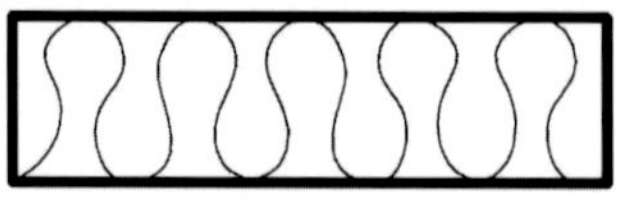	包括岩棉、矿棉、玻璃棉、麻丝、木丝板、纤维板等
17	泡沫塑料材料	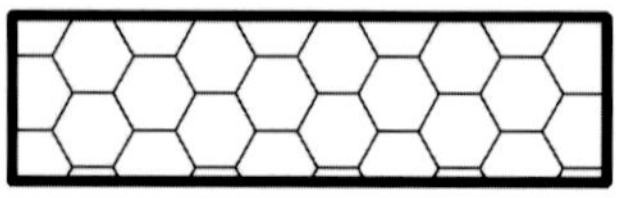	包括聚苯乙烯、聚乙烯、聚氨酯等多孔聚合物类材料
18	木材		(1) 上图为横断面,上左图为垫木、木砖和木龙骨 (2) 下图为纵断面
19	液体	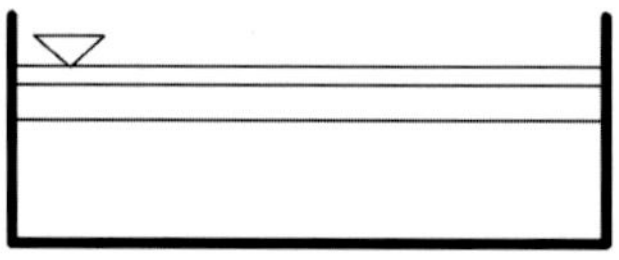	应注明具体液体名称
20	胶合板	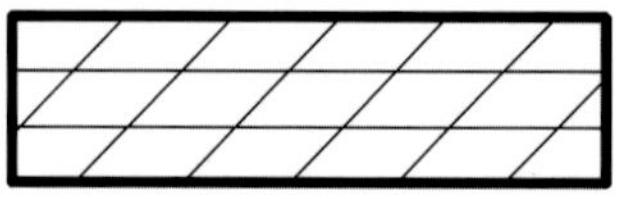	应注明为×层胶合板
21	石膏板	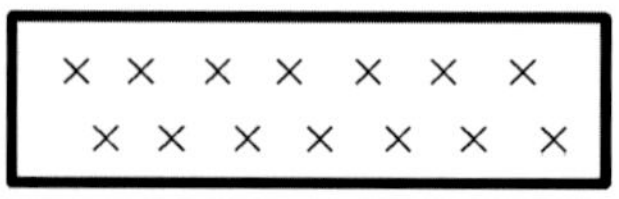	包括圆孔、方孔石膏板、防水石膏板等
22	玻璃	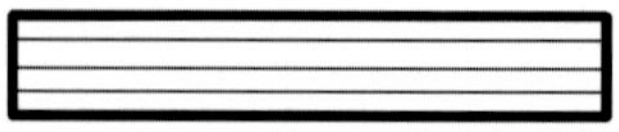	包括平板玻璃、磨砂玻璃、夹丝玻璃、钢化玻璃、中空玻璃、加层玻璃、镀膜玻璃等
23	网状材料		(1) 包括金属、塑料网状材料 (2) 应注明具体材料名称
24	防水材料		构造层次多或比例大时,采用上面图例
25	粉刷	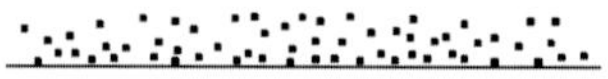	本图例采用较稀的点
26	金属	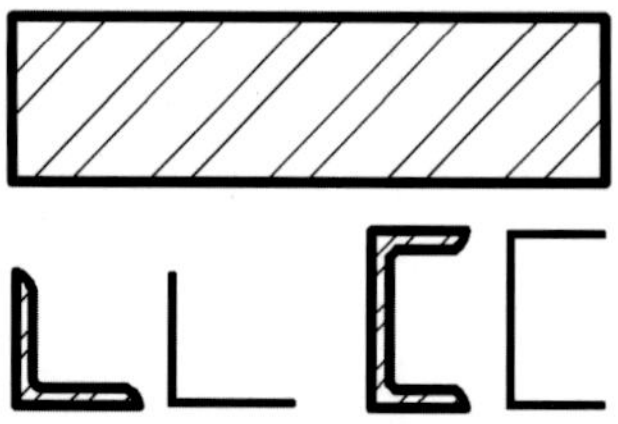	(1) 包括各种金属 (2) 图形小时可涂黑
27	橡胶	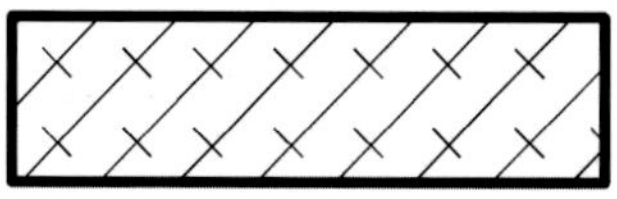	

表 10-7　建筑构件图例

图例	名称	图例	名称
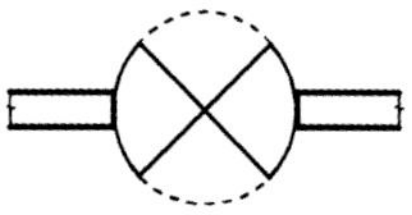	旋转门		双扇防火门及防火墙
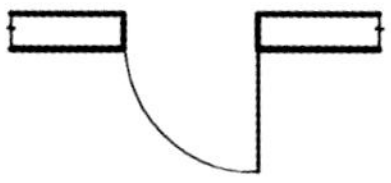	单扇门（包括平开或单面弹簧	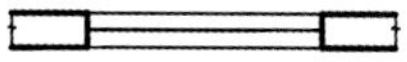	固定窗
	双扇门（包括平开或单面弹簧		上悬窗、中悬窗、下悬窗、上推窗
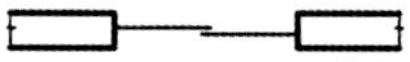	推拉门	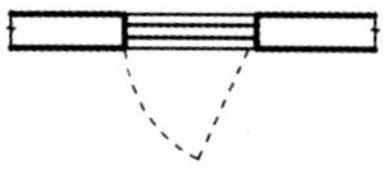	单扇单层外开平开窗
	墙外单扇推拉门	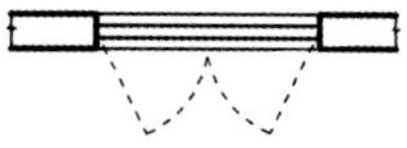	双扇单层外开平开窗
	墙中单扇推拉门	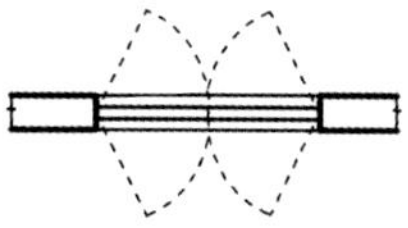	双层内外开平开窗
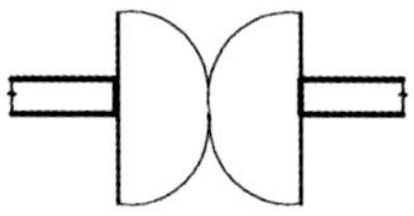	双面弹簧门	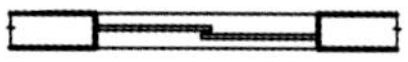	推拉窗
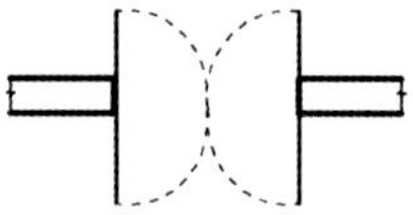	双向开门	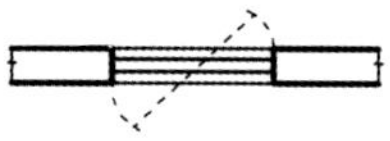	立转窗
	折叠门	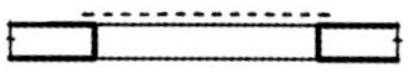	带护栏的窗
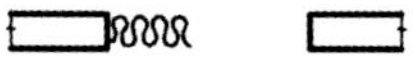	伸缩隔门	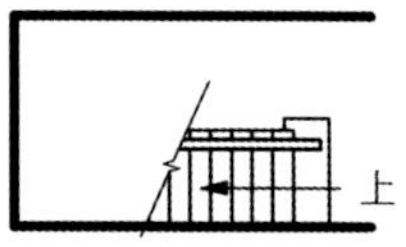 上	(1) 左边上图为底层楼梯平面，中图为中间楼梯平面，下图为顶层楼梯平面 (2) 楼梯及栏杆扶手的形式和楼梯踏步数应按实际情况绘制
	钢纸卷门	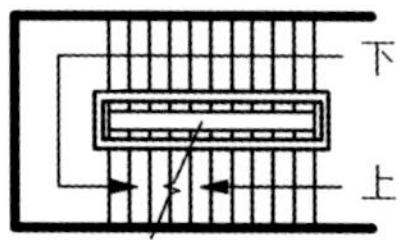 下 上	
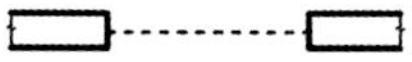	纱门	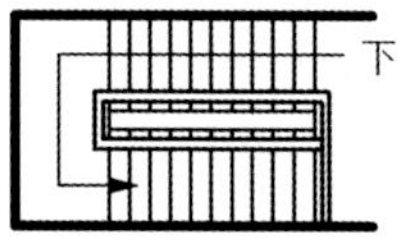 下	

表 10-8　图纸清单

图纸编号	图纸名称	比　例　尺
A - 001	封面	
A - 002	图纸清单	
A - 003	细部说明书	
A - 004	饰面表	1 : 50
A - 005	平面图	1 : 100
A - 006	立面图	1 : 50
A - 009	剖面图	1 : 50
A - 010	局部详图	1 : 10
A - 013	家具图	1 : 30
A - 017	标志、招牌设计图	1 : 20
S - 002	电器、音响布置图	1 : 50
S - 004	消防系统布置图	1 : 50

10.1.2　工程图纸的分类

展示设计的工程图纸与室内设计的工程图纸既有相同之处,也有不同之处。一种是对于博物馆、展厅、专卖店等固定的展示场所,其工程图纸与室内设计图纸无异,主要表现平面布局、空间界面的装修、展示家具的造型以及照明、空调、消防等设计。另一种是临时的展览活动的场地设计,则要遵循经济、适用原则,这类图纸设计的重点是平面规划和道具的选择与布局,有关空间界面的设计则要简单得多,道具一般选用标准化的、可循环使用的拆装式展具。无论是哪种类型的展示设计,其工程图纸必须包括以下几项。

1. 平面图

平面图也称俯视图,是平行光线从上空垂直射向地面时,物体在水平面上的投影。展示设计的平面图除了表明展场整体布局、功能区域划分外,还应详细地表现展具的形式、大小,以及相互的空间关系等（图 10-14）。平面图是进行后续各项工作的重要基础和依据。

2. 顶面图

顶面图是平行光线从地面垂直向上照射,物体通过镜像到地面上的投影。顶面图的柱网轴线位置与平面图的柱网轴线位置相一致。展示设计的顶面图除了反映吊顶的尺寸和造型外,还应该标明灯具、消防、空调的位置等（图 10-15）。

3. 立（剖）面图

立（剖）面图是平行的水平光线射向其垂直墙面时,物体在墙面上的投影（图 10-16）。展示设计的立（剖）面图除了反映墙面的造型外,有时根据需要还要表现展示构件和展示道具的造型特点,以及展品的尺寸位置等。立(剖)面图与平面图相配合,可以从中看出物体的三维结构。

4. 详图

当平面图、立面图、顶面图采用比较小的比例绘制时,对于一些细部构造往往难以表达清楚,这时可以采用适当的方式（投影图、剖视图、断面图均可）,用较大的比例将这些细部构造单独画出,这种图样称为详图。详图就是解决细部结构、材料、尺寸、做法以及构造关系的节点图或大样图。以剖视图或断面图表达的详图又称节点图（图 10-17）,以投影图方式放大绘制细部的详图又称大样图。

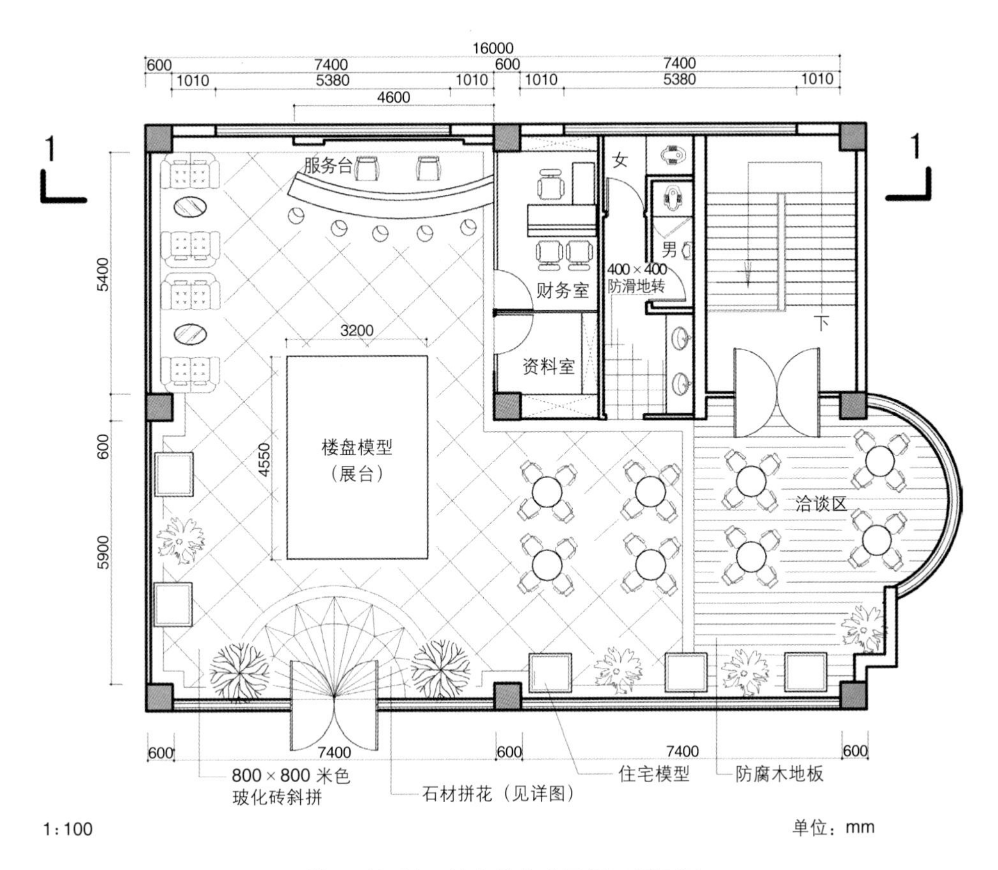

图10-14　某房地产公司展厅平面图

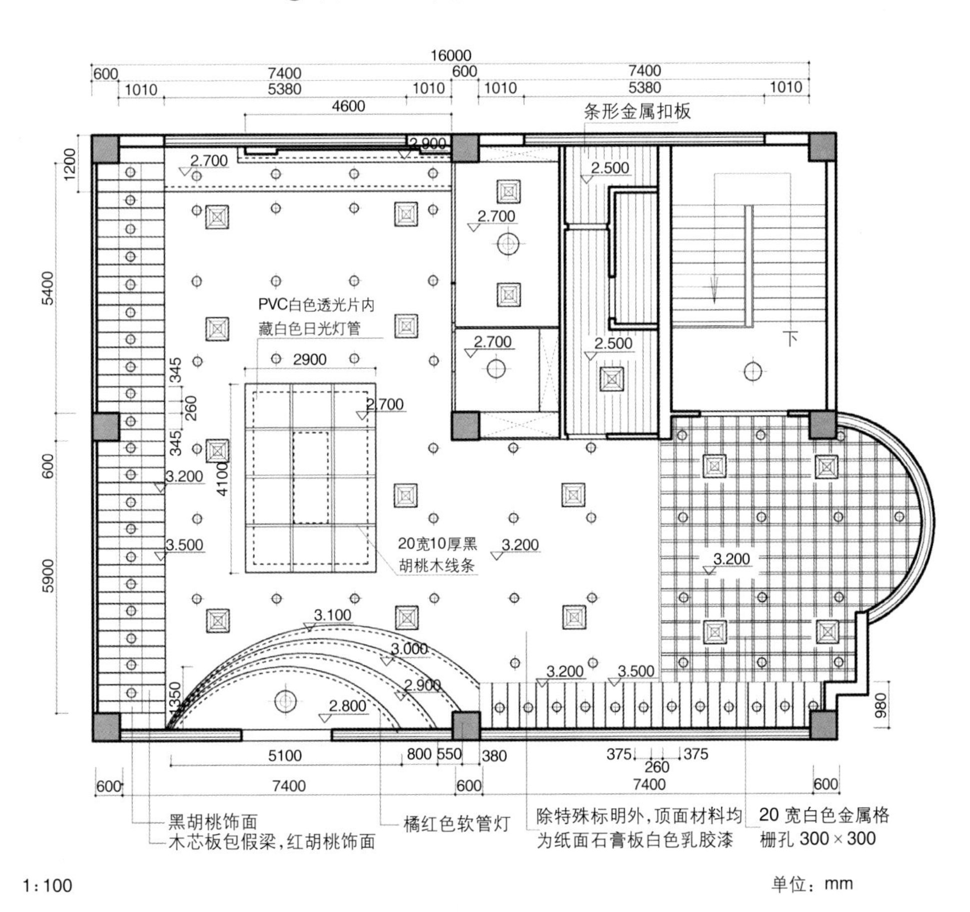

图10-15　某房地产公司展厅顶面图

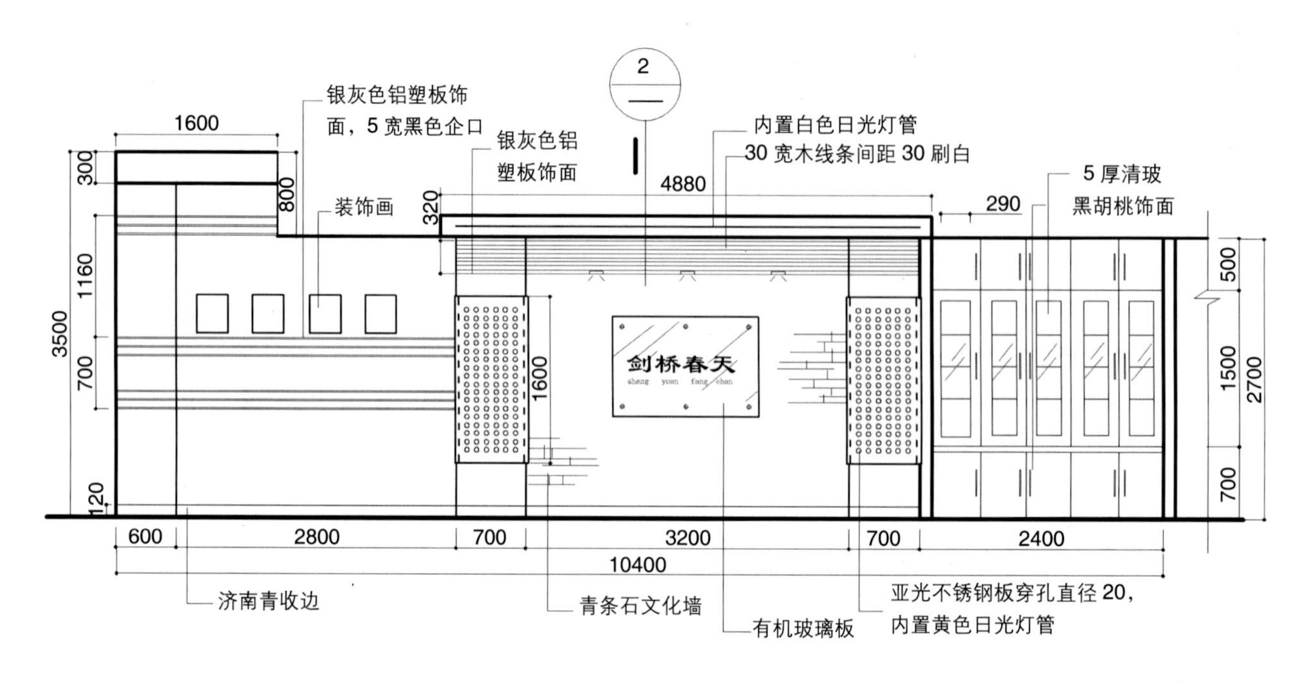

图10-16　某房地产公司展厅①-①剖面设计

5. 展具设计图

展具包括陈列橱柜、展架、展台、展板、灯箱等，主要通过三视图的形式来绘制，表现展具的长、宽、高三个方向的尺度与造型。三视图分为俯视图、正立面图、侧立面图，在图上要详细地标出展具尺寸与材料（图10-18），有时还需要用详图来表达节点的结构和制作方法。

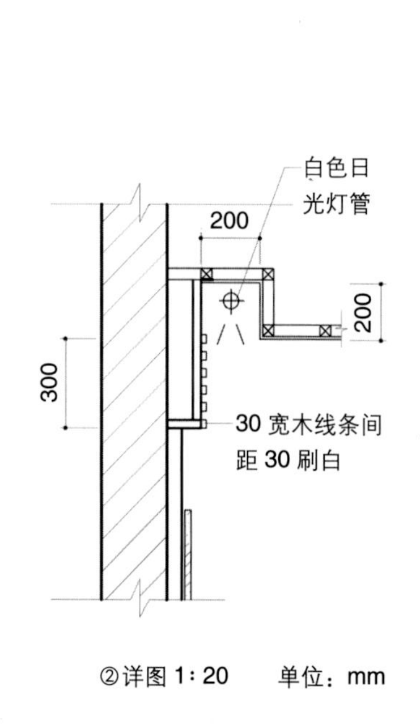

图10-17　某房地产公司展厅形象墙的节点详图

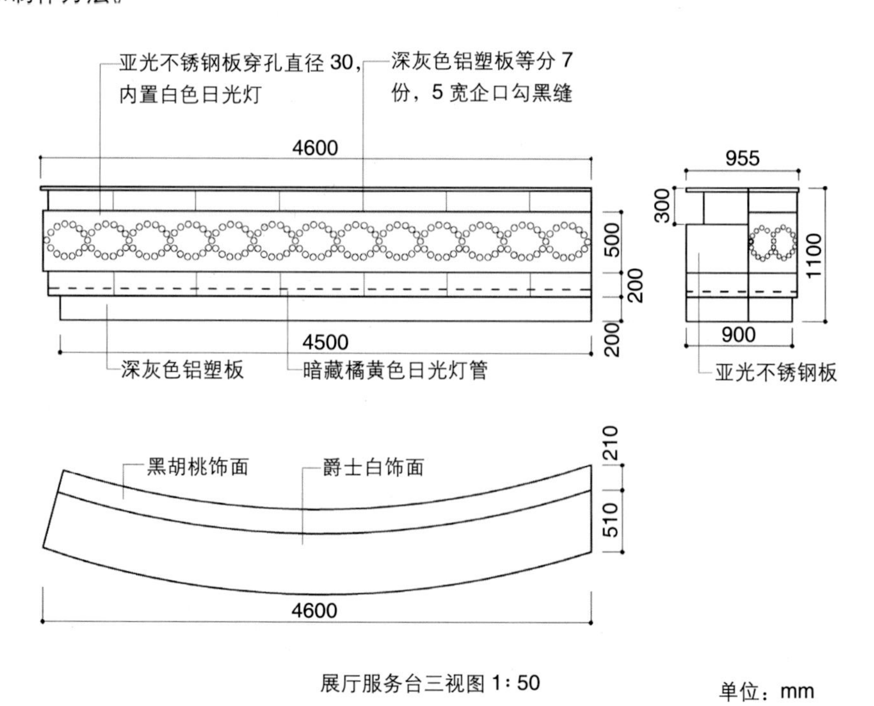

图10-18　某房地产公司展厅服务台三视图

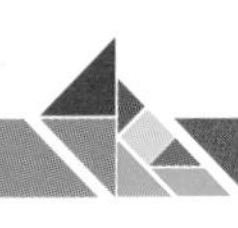

10.2　展示设计效果图

展示设计效果图又称为设计预想图，是指运用透视原理，在二维空间的图纸上表现三维空间展示效果的绘图技术。展示设计效果图的表现方法有手绘表现和计算机表现，常用的透视方法有一点透视和两点透视。

1. 表现方法

(1) 手绘表现

手绘表现的工具和材料多种多样，不拘一格。常用的有铅笔、钢笔、水粉、水彩、马克笔、彩色铅笔等，此外透明水色、丙烯颜料、签字笔等也可以用于绘制效果图。手绘表现艺术性强，速度快，常作为设计师构思过程中的快图表现（图 10-19）。

图10-19　手绘效果图

(2) 计算机表现

用计算机来绘制效果图，具有制作方便灵活，效果丰富逼真的优势，常用的设计软件有 AutoCAD、3DS MAX、Photoshop 等。展示设计方案图出来后，就可在 3DS MAX 中建立三维模型（可通过 AutoCAD 导入平面图），计算机可自动生成任意透视角度的透视图，最后使用图像处理软件 Photoshop 进行后期处理，从而完成展示设计的效果图表现（图 10-20）。

图10-20　用计算机绘制形象逼真

2. 透视方法

(1) 一点透视

一点透视又称平行透视，即从一个视点出发，去观看、绘制展示物。一点透视表现范围广，纵深感强，适合表现庄重、严肃的室内空间，缺点是略显呆板，与真实效果有一定距离。

一点透视的作图步骤如下。

① 已知房间高度为 4m，长度 7m，深度 5m。

② 按照房间的长度和高度的相对比例画出立面作为透视图的外画框。在 1.5～1.7m 的高度定出视平线 HL，在 HL 线上定出心点 CV 和距点 D。过 CV 点分别连接 A、B、E、F，求出房间的四条透视线（图 10-21）。

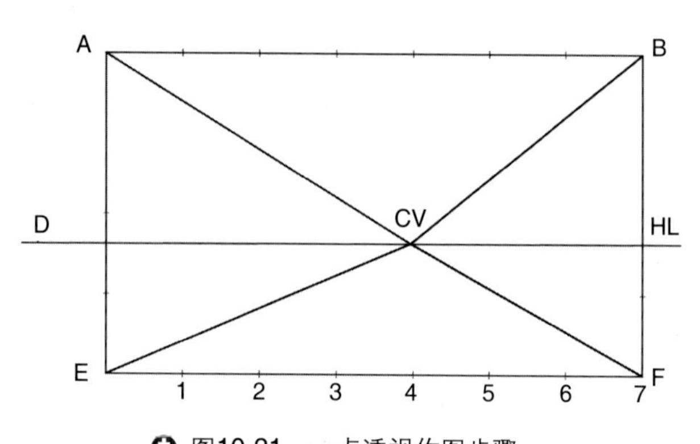

图10-21　一点透视作图步骤一

③ D 点分别连接 1、2、3、4、5，相交 ECV 于点 a、b、c、d、e，由这些点向上做垂线，就可以求得 5m 进深的墙面透视线（图 10-22）。

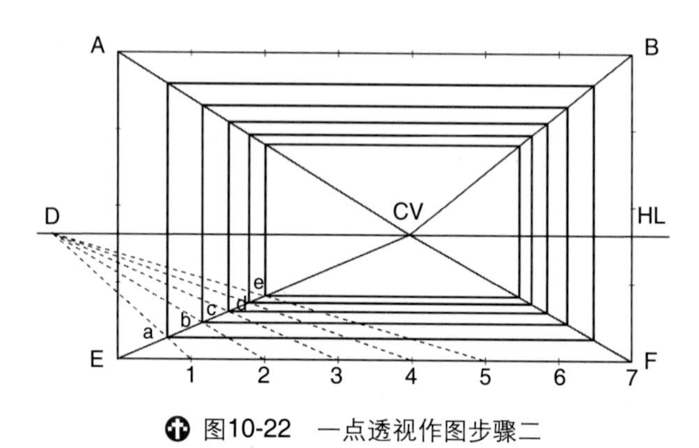

图10-22　一点透视作图步骤二

④ 由墙面透视线做相应的平行线，过 CV 点做透视线，就可得出室内空间的一点透视图（图 10-23）。

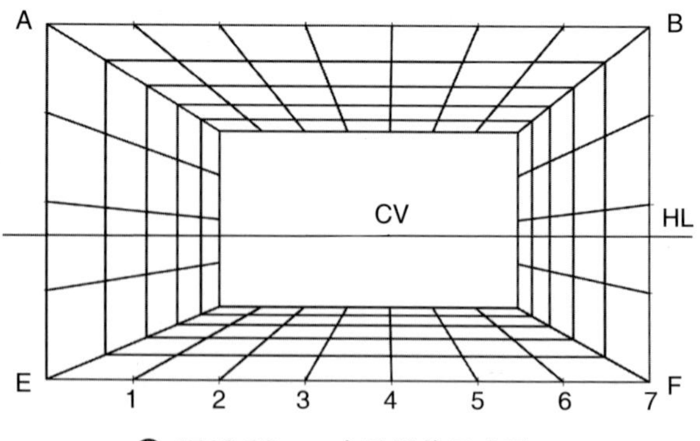

图10-23　一点透视作图步骤三

(2) 两点透视

两点透视又称成角透视，图面上有两个视点，画出的效果比较自由、活泼，反映的空间比较接近人的真实感觉。缺点是角度选择不好，易产生变形。两点透视的作图方法有很多种，这里只介绍一种简单的室内两点透视的绘制方法。

两点透视的作图步骤如下。

① 已知房间高度为 3m，长度 7m，深度 6m。

② 按照比例定出画面外框，确定好视平线 HL 和 VP 灭点（HL 线高度一般在 1.5～1.7m），并向画框连线。在 HL 线上定出任意点 M，利用它求出 2m、4m、6m 的进深（图 10-24）。

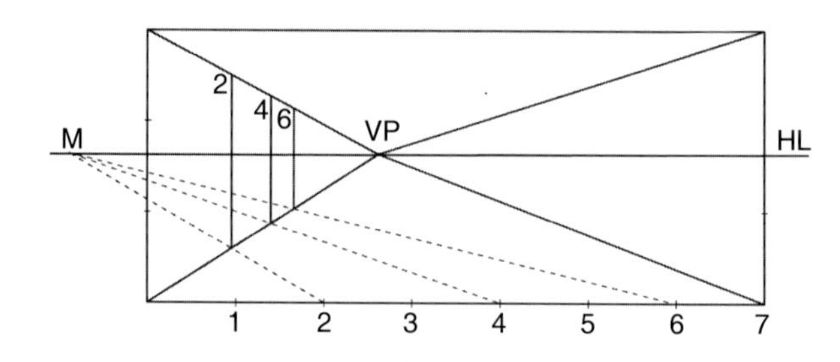

图10-24　两点透视作图步骤一

③ 根据画面的需要定出 VP2 灭点线和线上的任意点 b。通过 b 点画出垂线，进而求出画面框的进深透视框（图 10-25）。

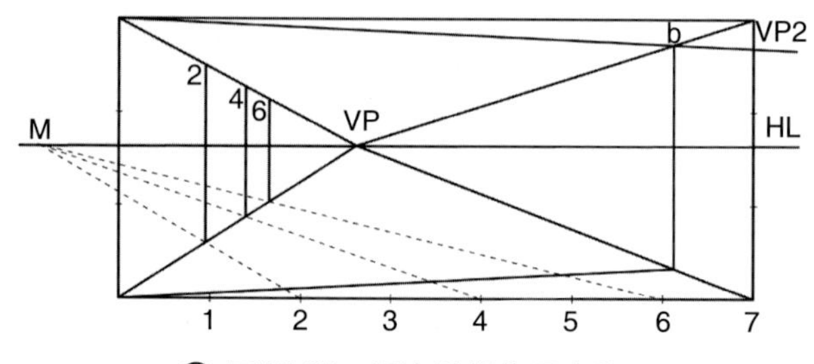

图10-25　两点透视作图步骤二

④ 延长2的垂线交VP2线于a，连接a与VP，过b点做水平线得到c点，过c点做垂线得到d点，再过d点做水平线得到e点，连接2、e就是2的透视线（图10-26）。

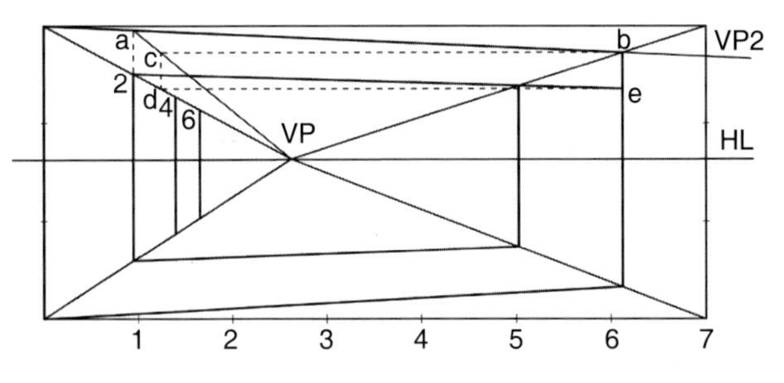

图10-26 两点透视作图步骤三

⑤ 用同样的方法再求出4、6的透视线（图10-27和图10-28）。

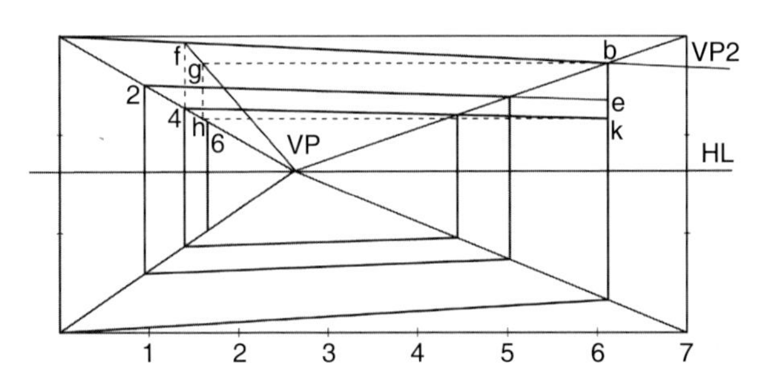

图10-27 两点透视作图步骤四

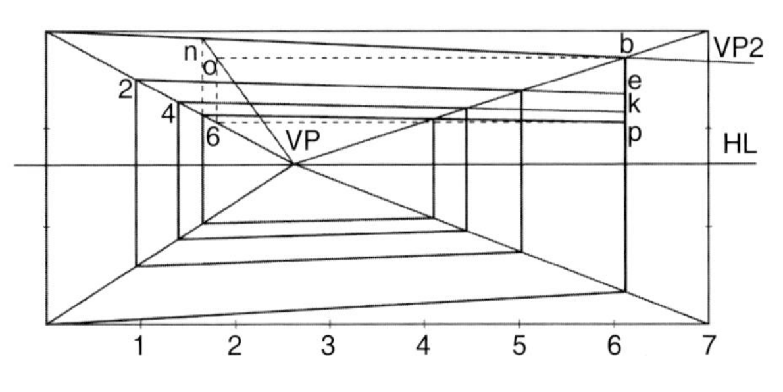

图10-28 两点透视作图步骤五

⑥ 过VP点分别连接1、2、3、4、5、6得出地面和顶面的网格线（图10-29）。

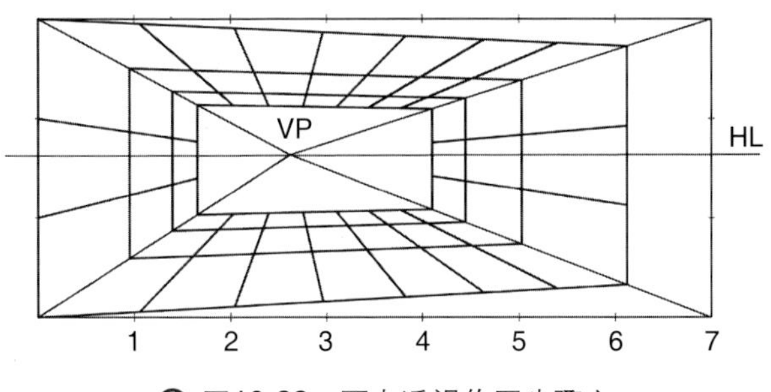

图10-29 两点透视作图步骤六

⑦ 过交叉线的交点做垂线，得出1、3、5的透视线。在此基础上可以求出室内空间的两点透视图（图10-30）。

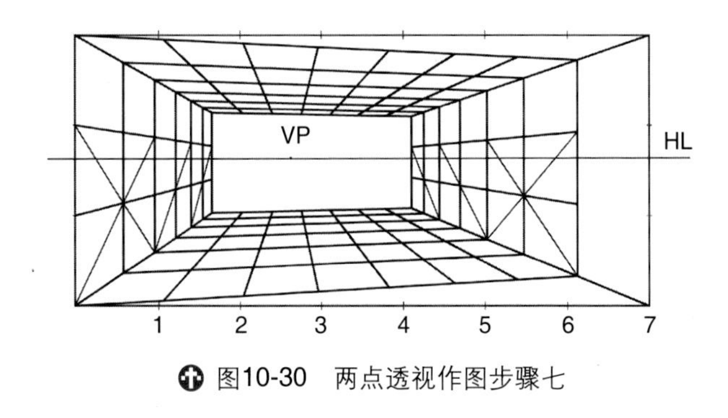

图10-30 两点透视作图步骤七

10.3 展示设计模型

模型是以三维立体形式表现展示空间设计效果的一种造型手段。它运用多种技术、材料与加工手段，以特有的微缩形象，有效地表现出设计方案的构思和意图，给人以较逼真的空间感受（图10-31和图10-32）。

1. 展示模型的种类

展示模型按制作材料分为纸质模型、塑料模型、木质模型和综合材质模型。按表现形式分类，有以下几种。

(1) 方案模型

方案模型是设计师在设计过程中，做给自己看，供自己分析、思考的模型（图10-33）。此类模型着重于整体性的研究，主要用于展示空间的整体创意与分割组合，故应选用容易成形的材料。

(2) 表现模型

表现模型是指设计方案确定之后，为了供委托人或设计同行进行磋商、评价之用而制作的模型（图10-34）。以设计方案的总图、平面图、立面图为依据，按比例微缩进行制作。其材料的选择、色彩的搭配等也要严格按照原方案的设计构思为依据，力求将平面图方案准确无误地转化为实体空间，给人逼真的视觉感受。

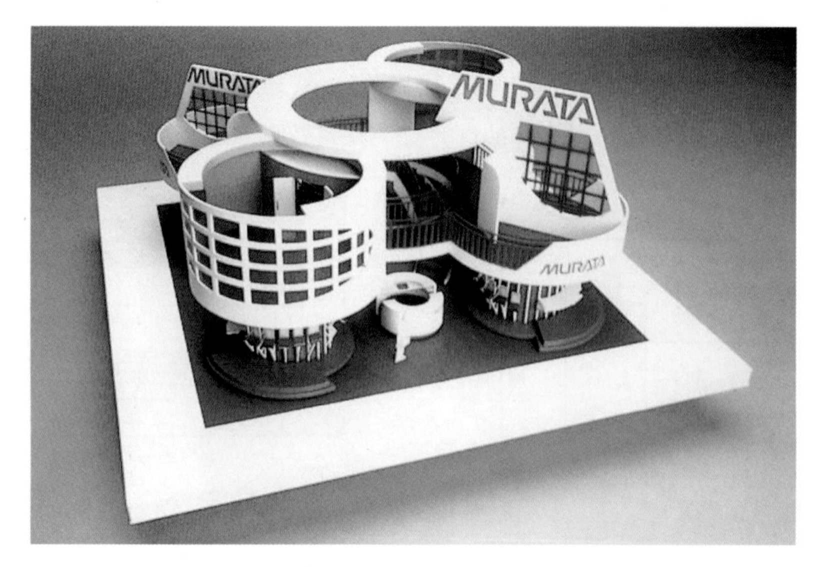

图10-31　方案模型

图10-32　实景图片

图10-33　以纸为主要材质的方案模型

图10-34　表现模型要求准确、逼真

（3）观赏模型

观赏模型是将方案按一定的比例微缩并精心制作的一种模型。这类模型无论是用料，还是制作工艺都十分考究。其主要目的是向他人展示方案设计的最终效果。故要求做工精巧，形、色、质感都给人以真实感。这种模型常用在博物馆和房地产售楼的展示活动中，具有强烈的视觉冲击力和艺术感染力（图 10-35）。

图10-35　观赏模型

2. 模型制作的材料

（1）纸张材料

纸是模型制作的主要材料。该材料具有很强的可塑性，制作简便，但强度较差、受潮易变形。常用于模型制作的纸张有卡纸、瓦楞纸、花纹纸、激光纸、渐变色纸、过胶墙砖纸、泡沫胶纸、墙纸、植绒纸、砂纸等。

(2) 木质材料

木质材料有自然板材和人工合成板材。自然板材如泡桐、椴木、云杉、杨木、松木等，都适合做模型，这些木材纹理平直，树节较少、且质地较软，易于加工和造型。

人工合成板材有宝丽板、防火板、薄木贴面板等各种装饰板材。这类板材耐磨、耐水，且不易变形、开裂和翘曲，具有较好的纹理和质地。

(3) 塑料材料

常用的塑料制品有：有机玻璃、聚氯乙烯、苯板、吹塑板、透光PVC胶片、即时贴、环氧树脂倒模材料等。这些材料具有质轻、耐腐蚀、强度高、色彩和成形好等特点，故被广泛用于模型制作中。

(4) 金属材料

有不锈钢和铝合金。一般只在模型中用于柱子、网架、栏杆等局部部位。

(5) 涂料与黏接剂

涂料与黏接剂是模型制作中不可缺少的辅助材料。常用的有白喷漆、酚醛树脂漆、模型漆、三氯甲烷与丙酮、模型胶、502胶、乳胶及其他黏合剂。

思考题：

1. 展示设计制图有哪些规范?
2. 尺寸标注是以什么单位为计量的?
3. 展示设计工程图纸分哪几类?
4. 展示设计模型常用材料有哪些?

第 11 章 展示工程的材料与工艺

展示工程，一般不包括展示场所的建筑工程，只包括场所内为实现某一展示活动而展开的馆内设计、施工项目。展示工程的材料要根据展示的场所、时间、性质和内容来选择。商业性的展览会、交易会等短期展示活动，一般选用简单、经济装修材料和可循环使用的展示道具。购物中心、超市、专卖店、博物馆等长期固定的展示场所的选材基本等同于建筑、室内装饰材料。

11.1 展示工程材料概述

过去展示业常用的传统材料基本上是以天然材料为主、人工合成材料为辅。由最初的木方、木板材、石材、砖、石膏、各类纸张、橡胶、竹 、藤、麻、线、皮革和陶瓷等，发展到后来的多层板、纤维板、有机玻璃板、人造革、各种装饰布等。20 世纪 80 年代展示材料的种类又增加不少，主要以合成材料为主。开始使用防火板、化纤地毯、钙塑板、石膏板、尼龙布、不锈钢板、各种不干胶纸、各色电化铝纸、彩色胶布、壁纸、丝绸、高密度苯板、双面胶纸和各种喷漆、各种铝型材、特种玻璃等。材料的更新，使展示效果得到不断的改善和提高。

展示工程材料，一般包括以下三大部分。

1. 展示空间界面装修材料

装修材料是展示工程材料的主体部分。主要指展区的墙面、地面、顶面、柱子、隔断、楼梯、门面的装修材料。界面设计可利用的材料极其丰富，有石材、瓷砖、木材、涂料、金属、玻璃、墙纸等。界面的设计效果对于营造空间的环境氛围发挥着重要作用。

2. 展示道具制作材料

展示道具的制作材料以金属材料、板材、玻璃为主。展示道具分为一次性使用的和可循环使用的两种。可循环使用的展具一般用金属材料制作，拆装方便；一次性使用的展具材料多选用板材和玻璃相结合，可因地制宜，千变万化，但成形后不易改变，单次使用价格昂贵。

3. 展示照明灯具材料

展示灯具的选装与展示效果密切相关，可以分为吊灯、吸顶灯、筒灯、局部效果射灯、大型射灯、电脑灯、舞台灯具等。

这里重点介绍展示空间界面装修材料。

11.2 展示工程材料的分类

按照展示工程的施工结构层分类，大致有以下几类。

11.2.1 构筑材料

构筑材料是指搭建结构体的骨架材料，既可以隐藏在结构内部，也可以作为带有装饰性的承重构件直接搭建空间。

1. 木材

木材的使用已经具有相当久远的历史，是最传统的装饰材料。木材具有优美的自然纹理，柔和温暖的视觉和触觉效果，深得人们喜爱。同时木材还有质轻、强度高、有弹性和韧性、绝缘性好、易于加工等优点，是一种常用的构筑材料。在展示空间中，木材常作为骨架来构筑空间。一种是隐藏在装饰结构内部，作为基层框架的龙骨、立筋；另一种是搭建在外部具有较强装饰性的骨架。后者能营造一种温馨、自然、极具亲和力的氛围（图 11-1）。

图11-1　以“柱子森林”为创意的展台设计

2. 金属

金属也是常见的构筑材料，如铝合金、钛合金、铜合金、不锈钢、型钢、塑钢等。这些材料具有质轻强度高，耐腐蚀、防火性能好，装卸方便等优点。既可作为基层骨架，也可直接装在外面。用金属材料构筑空间，不但灵活多变，而且有很强的时代感（图 11-2）。例如，不锈钢的色泽华丽，有镜面、哑光、拉丝等多种效果，既可作为非承重的纯粹装饰，也可作承重构件。不锈钢骨架管材有平管、方管、圆管、花管等。

可循环使用的展示道具多是金属骨架和新型面饰材料的综合使用，具有轻、薄、多变和通用的特点。

11.2.2　基层材料

展示空间的基层材料主要用于结构中的打底之用，在其上面还要覆盖、固定面层材料。基层材料要求表面平整、幅面大、性能稳定、力学性能良好。

1. 木芯板

木芯板又称细木工板，是用长短不一的实木条拼合成板芯，在上下两面胶贴 1 ～ 2 层胶合板或其他饰面板，再经过压制而成（图 11-3）。它取代了装修中对原木的加工，使工作效率大大提高。木芯板表面平整光滑，不易翘曲变形，握螺钉力好，强度高，具有质坚、吸声、绝热等特点，用途最为广泛。木芯板规格为 2440mm × 1220mm，厚度为 15mm 和 18mm 两种。木芯板在展示空间中，常用作各种展具、隔墙、门窗套等饰面基层的制作等。

2. 胶合板

胶合板俗称夹板，是由沿年轮方向旋切成大张单板，经干燥、涂胶后按相邻单板层木纹方向相互垂直的原则组坯、胶合而成的板材（图 11-4）。层数一般为奇数，俗称三厘板，五厘板，九厘板，十三厘板。胶合板的规格为 2440mm × 1220mm，厚度分别为 3mm、5mm、9mm、13mm 等。胶合板有外观平整美观，变形小、幅面大、施工方便、可任意弯曲、横纹抗拉性能好等优点。主要用于展示中木质展具的背板、底板，或任意造型的吊顶、隔墙等。

3. 密度板

密度板又称为纤维板，它是以木质纤维或其他植物纤维为原料，施加脲醛树脂或其他适用的胶粘剂，再经高温、高压成型，密度很高，所以称之为密度板（图 11-5）。制成的人造板材，按其密度的不同，分为高密度板、中密度板、低密度板。密度板一般型材规格为 2440mm × 1220mm，厚度 3 ～ 25mm 不等。密度板变形小，稳定性好，表面平整，便于加工，易于粘贴饰面，同时具有较高的抗拉强度和冲击韧性，主要用于制作木质展具。

图11-2　MEGA WEB丰田城市车展上的金属材料构筑的空间

图11-3　木芯板

图11-4　胶合板

图11-5　密度板

4. 纸面石膏板

纸面石膏板是以建筑石膏为主要原料，掺入适量添加剂与纤维作板芯，以特制的板纸为护面，经加工制成的板材（图 11-6）。纸面石膏板具有质轻、防潮阻燃、隔声隔热、收缩率小、不变形等特点。其

图11-6　纸面石膏板

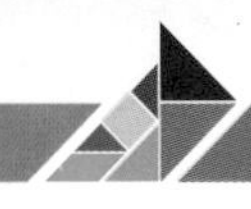

加工性能良好，可锯、可刨、可粘贴，施工方便，常作为展示工程的吊顶、隔墙用基材，其上需刮泥子做乳胶漆或贴墙纸。纸面石膏板的常用规格：长度有2400mm、3000mm和3600mm；宽度有900mm和1200mm；厚度有9.5mm、12mm和15mm。

11.2.3 面层材料

面层材料是指空间界面表面装饰层所用材料，它是决定空间艺术效果、色彩环境和质感表现的关键。展示空间常用的面层材料有装饰板材、装饰玻璃、壁纸织物、油漆涂料、地板、天然石材、陶瓷墙、地砖、发光装饰材料等。

1. 装饰板材

(1) 木质板材

① 薄木贴面板

薄木贴面板俗称装饰面板，它是将珍贵的天然木材或科技木刨切成0.2 ~ 0.5mm厚度的薄片，黏附于胶合板表面，然后热压而成的用于室内装修中家具及木构件的表面材料。规格为2440mm×1220mm×3.5mm（长×宽×厚）。

薄木贴面板选自名贵木材，如枫木、榉木、橡木、胡桃木、红胡桃、樱桃木、柚木、花梨木、影木等。通常是根据表面装饰单板的树种来命名的，如榉木装饰板、胡桃木装饰板等（图11-7）。薄木贴面板用于装修具有纹理清晰、质地真实的华丽效果，同时又具有了充分利用木材资源，降低成本的作用。

② 人造装饰板

人造装饰板是以胶合板、刨花板、纤维板、复合板、微薄木等为基材，表面经过贴塑处理或被压制成各种起伏效果（图11-8）。人造装饰板的规格为2440mm×1220mm，厚度6 ~ 30mm不等。人造装饰板具有纹理色泽清晰、质感强、不变形、强度高、耐污染、易加工等特点。可用于展示工程的展具贴面、门窗饰面、墙顶面装饰等。薄型饰面板使用黏结剂粘贴在基层板上即可，厚型饰面板可代替基层板直接施工。

(2) 塑料板材

① 有机玻璃板

有机玻璃（PMMA）是一种塑料制品，可以弯曲成弧形，具有良好的耐候性，但容易划伤。有机玻璃板规格为2440mm×1220mm，厚度为2 ~ 20mm，有多种颜色可供选择（图11-9）。可用于室内墙板、展示台柜和中高档灯具上，也可作为门窗玻璃的替代品。

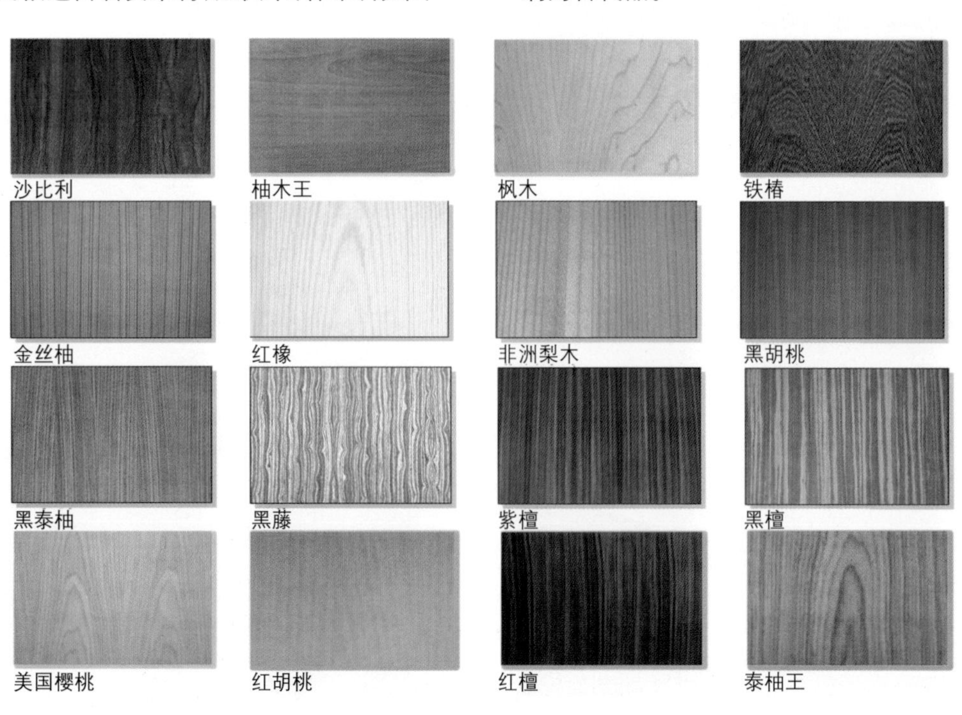

图11-7 常见的薄木贴面板种类

图11-8　人造装饰板

图11-9　色彩丰富的有机玻璃板

② 阳光板

阳光板是采用聚碳酸酯合成着色剂开发出来的一种新型室内外顶棚材料，成透明或半透明状，颜色有白色、绿色、蓝色等（图 11-10），可以取代玻璃、钢板、石棉瓦等传统材料，质轻、易弯曲、安装方便。阳光板的规格为 2440mm × 1220mm，厚度为 4 ~ 6mm。

图11-10　阳光板

(3) 金属板材

① 不锈钢装饰板

不锈钢装饰板又称为不锈钢板，根据需要采用抛光、浸渍处理，可做成镜面板、哑光板、丝面板、雕刻板等。规格为 2440mm × 1220mm，厚度为 0.3 ~ 8.0mm 不等。不锈钢板耐火、不变形、不破碎、安装方便，而且装饰效果极佳，极具现代感。常用于电梯门套、墙（柱）面装饰、楼梯扶手，以及展柜、展台的装饰等（图 11-11）。

图11-11　深圳怡景中心城内的不锈钢柱

② 金属扣板

金属扣板以铝或不锈钢为材料，表面经过喷涂、抛光制成。按外观形态分为条形扣板和方形扣板。条形扣板的板材长度为1000～5800mm，宽度为70～300mm不等，材料厚度通常在0.5～1.2mm之间。方形扣板规格有300mm×300mm，600mm×600mm等，材料厚度0.6mm和0.8mm等。金属扣板用于顶棚装饰，具有外观光洁、色彩华丽、现代感强等特点，同时又有防火、防潮、耐腐蚀等优点（图11-12）。

图11-12　方形金属扣板丰富的面层图案

(4) 复合板材

① 防火板

防火板又名耐火板，它是将牛皮纸浸在树脂中，经过高温高压处理后生产成的表面装饰材料，具有耐磨、耐热、防火、防霉及抗静电的特性。防火板图案、花色丰富多彩，有仿木纹、仿石纹、仿皮纹、纺织物和净面色等多种。一般用于家具或展具表面装饰，也可用于墙面或隔断装饰。防火板规格为2440mm×1220mm，厚度为0.6mm、8.0mm、1.0mm、1.2mm不等（图11-13）。

② 铝塑板

铝塑板是铝片与PE聚乙烯树脂，经高温高压而成的一种新型复合材料，面层经过特种工艺喷涂，色彩艳丽丰富，长期使用不退色（图11-14）。铝塑板规格为2440mm×1220mm，分为单面和双面两种。单面铝塑板的厚度一般为3mm、4mm，双面铝塑板的厚度一般为5mm、6mm、8mm。铝塑板具有防火、防水、耐酸碱、耐冲击、可弯曲、易清洗、施工简单、装饰性强等特点，广泛应用于内外墙、吊顶和家具的表面装饰。

图11-13　防火板

图11-14　铝塑板表面图案丰富

③ 矿棉板

矿棉板是以矿渣纤维为主要原料，加入适量胶粘剂，经加压加热、表面处理等工艺制成的吸声板材。其具有质轻、吸声、防火、隔热等优良性能，是良好的灯棚装饰材料（图11-15）。矿棉板的花色品种很多，有印花、压花、钻空等十几个品种，规格多为 300mm^2、600mm^2、800mm^2，厚度有 8mm、10mm、12mm 不等。矿棉板的安装简单，扣在轻钢龙骨或铝合金龙骨上即可。

图11-15　矿棉板

④ 纤维水泥板

纤维水泥板又称埃特板，是以水泥、草木纤维与黏结剂混合，高压而成的多用途板材。其具有防火、防潮、防水、强度大，防火和隔音效果好，板面平整度高，施工简单的优点。因其外观颜色与水泥墙面一致，常作为墙柱面的装饰材料，体现一种现代、自然、朴素的装饰风格（图 11-16）。板材规格为 2440mm × 1220mm，厚度为 6 ～ 30mm 不等。

图11-16　纤维水泥板作为展示背景墙显得朴素自然

2. 装饰玻璃

玻璃广泛应用于室内外建筑装饰，用来隔风透光，或增强艺术表现力，是一种重要的现代装饰材料。随着建筑装饰要求的不断提高和玻璃生产技术的不断发展，新品种层出不穷，玻璃由过去单纯的透光，透视，向着控制光线、调节热量、节约能源、改善环境等方向发展。同时利用染色、印刷、雕刻、磨光、热熔等工艺可获得各种具有装饰效果的艺术玻璃，为空间的艺术表现赋予新的生命力，经过特殊处理后的玻璃可用于空间的任何部位。

（1）平板玻璃

平板玻璃也称净片玻璃，是未经其他工艺处理的平板状玻璃制品，表面平整而光滑，具有高度透明性能，是装饰工程中用量最大的玻璃品种。也可以进一步加工，成为各种技术玻璃的基础材料。平板玻璃主要用于门窗和隔断，厚度有 2 ～ 25mm 多种，规格为 300mm × 900mm、400mm × 1600mm 数种。

（2）磨砂玻璃

磨砂玻璃是在平板玻璃的基础上加工而成的，一般使用机械喷砂或手工研磨，也可用氢氟酸溶液腐蚀加工的方法，将玻璃表面处理成均匀粗糙的毛面，使透入的光线产生漫射，具有透光而不透视的特点（图 11-17）。磨砂玻璃的图案设计能充分发挥设计师的艺术表现力，依照预先在玻璃表面设计好的图案进行加工，即可制出各种风格的磨砂玻璃。用磨砂玻璃进行装饰可使室内光线柔和而不刺目。主要应用于吊顶、墙面、门窗及隔墙装饰等。

（3）压花玻璃

压花玻璃又称花纹玻璃或滚花玻璃，是采用压延法制造的一种平板玻璃。压花玻璃的表面（一面或两面）压有深浅不同的各种花纹图案。由于表面凹凸不平，所以具有透光不透形的特点。压花玻璃由于表面具有各种花纹图案，所以它具有良好的艺术装饰效果。目前，市场上压花玻璃的花形主要有布纹、钻石、四季红、千禧格、香梨、银河、七巧板和甲骨文等多个品种（图 11-18）。压花玻璃规格从 300mm × 900mm 到 1600mm × 900mm 不等，厚度一般只有 3mm 和 5mm 两种。

图11-17　磨砂玻璃灯柱光线柔和温馨

图11-18　压花玻璃的种类

（4）雕花玻璃

雕花玻璃又称为雕刻玻璃，是在普通平板玻璃上，用机械或化学方法雕刻出图案或花纹的玻璃。雕花玻璃一般根据图样定制加工，常用厚度为 3mm、5mm 和 6mm，规格从 150mm × 150mm 到 2500mm × 1800mm 不等。雕刻玻璃分为人工雕刻和电脑雕刻两种。雕花玻璃具有透光不透形，立体感强，层次分明，富丽高雅的特点，常用于背景墙、屏风等部位的装饰。

（5）彩釉玻璃

彩釉玻璃是将无机釉料（又称油墨）印刷到玻璃表面，然后经烘干、钢化或热化加工处理，将釉料永久烧结于玻璃表面而得到一种耐磨、耐酸碱的装饰性玻璃产品（图 11-19）。它采用的玻璃基板一般为平板玻璃和压花玻璃，厚度一般为 5mm。这种玻璃产品具有很高的功能性和装饰性，它有许多不同的颜色和花纹，如条状、网状和电状图案等，可做成透明彩釉、聚晶彩釉和不透明彩釉等品种。彩釉玻璃在展示空间中常用作背景墙，或展柜、展台的局部点缀等。

图11-19　彩釉玻璃

（6）钢化玻璃

钢化玻璃，顾名思义是一种强度很高的玻璃。钢化玻璃是将普通平板玻璃先切割成要求尺寸，然后加热到接近的软化点，再进行快速均匀的冷却而得到。钢化玻璃具有抗冲击性强（比普通平板玻璃高 4 ～ 5 倍）、抗拉弯强度大（比普通平板玻璃高 5 倍）、热稳定性好及光洁、透明度高等特点。广泛应用于玻璃门窗、建筑幕墙、玻璃家具、展示架、玻璃隔墙等部位。常见规格最大尺寸：2460mm × 6000mm，最小尺寸：150mm × 300mm。厚度从 3.5 ～ 19mm 不等。

（7）夹层玻璃

夹层玻璃是一种安全玻璃，它是在两片或多片平板玻璃之间，嵌夹透明塑料薄片，再经过热压黏合而成的平面或弯曲的复合玻璃制品。夹层玻璃可以使用钢化玻璃、彩釉玻璃来加工，甚至在中间夹上碎裂的玻璃，形成特殊的装饰效果。夹层玻璃除了具有平板玻璃的特点外，在破碎时玻璃碎片不零落飞散，只产生辐射状裂纹，不至于伤人，这也是它的最大优点。可用于幕墙、顶棚采光及交通工具上。夹层玻璃的厚度根据品种的不同，一般为 8 ～ 25mm，规格为 800mm × 1000mm 和 850mm × 1800mm。

（8）玻璃砖

玻璃砖又称特厚玻璃，有实心砖和空心砖两种，其中空心砖最为常用。通常是由两块凹形玻璃相对熔接或胶接而成的一个整体砖块，其内腔制成不同花纹可以使外来光线扩散，具有透光不透形的特点。玻璃砖以方形为主，边长有 145mm、195mm、240mm 和 300mm 等规格。玻璃砖是一种隔音、隔热、保温、透光性好、装饰性强的材料，一般用于透光性要求较高的墙壁、隔断等处（图 11-20）。

图11-20　玻璃砖隔墙

3. 壁纸织物

(1) 壁纸

壁纸饰面属于裱糊类工程，既对墙面起到很好的遮掩和保护作用，又有特殊的装饰效果。壁纸的品种繁多，装饰图案和色泽多种多样，通过现代技术工艺经压花、印花和发泡处理，能生产出具有特殊质感与纹理的卷材（图 11-21）。目前，市场上的壁纸种类主要有以下几种。

图11-21　圣象牌壁纸展厅

① 塑料壁纸

塑料壁纸是目前发展最为迅速、应用最为广泛的墙纸，约占墙纸产量的 80%，所用塑料绝大部分为聚氯乙烯（或聚乙烯），简称 PVC 塑料壁纸。塑料壁纸通常分为：普通壁纸、发泡壁纸等。每一类又分若干品种，每一品种再分为各式各样的花色。

② 织物壁纸

织物壁纸是壁纸中较高级的品种，主要是用丝、毛、棉、麻等纤维为原料织成，具有色泽高雅、质地柔和的特性。织物壁纸分为锦缎壁纸、棉纺壁纸、化纤装饰壁纸。

③ 天然材料壁纸

天然材料壁纸是用草、麻、木、树叶、草席制成的，也有用珍贵树种木材切成藻片制成，其特点是风格淳朴自然、富于浓厚的生活气息，在当今返璞归真的潮流下，很受人们的青睐。

④ 金属壁纸

金属壁纸是将金、银、铜、锡、铝等金属，经特殊处理后，制成薄片贴饰于壁纸表面，其特点是表面经过灯光的折射会产生金碧辉煌的效果，较为耐用。这种壁纸构成的线条颇为粗犷奔放，适当地加以点缀就能不露痕迹地带出一种炫目和前卫之感。

因为壁纸花型、花纹较多，而且较复杂，所以对花拼幅十分重要，一般估算，室内墙面使用量为室内地面面积的 2.8 倍，常用壁纸幅宽为 520mm，长为 10m。

(2) 地毯

地毯具有吸音、隔声、保温、隔热、防滑、弹性好、脚感舒适以及外观优雅等特点，其铺设施工亦较为方便快捷。目前，市场上地毯的品种主要有纯毛地毯、混纺地毯、化纤地毯、剑麻地毯等。按表面纤维状，可分为圈绒地毯、割绒地毯及圈割绒地毯三种 。

① 纯毛地毯

纯毛地毯又称羊毛地毯，它毛质细密，图案精美，色泽典雅，不易老化、褪色，具有吸音、保暖、脚感舒适等特点，是一种高档的地面装饰材料。但它的缺点是抗潮湿性较差，而且容易发霉虫蛀，从而影响地毯外观，缩短使用寿命。

② 化纤地毯

化纤地毯也称合成纤维地毯，又可分为尼龙、丙纶、涤纶和腈纶四种。我们最常见且最常用的是尼龙地毯，它的最大特点是耐磨性强，同时克服了纯毛地毯易腐蚀、易霉变的缺点；它的图案、花色近似纯毛，但阻燃性、抗静电性相对又要差一些（图11-22）。

图11-22　化纤地毯

③ 混纺地毯

混纺地毯原材料以纯毛纤维与合成纤维混纺。它融合了纯毛地毯和化纤地毯两者的优点。混纺地毯在图案、花色、质地和手感等方面，与纯毛地毯相差无几，但在价格上却低得多（图11-23）。

图11-23　混纺地毯

④ 剑麻地毯

剑麻地毯是用天然物料编织成形的新型地毯。剑麻地毯属于植物纤维地毯，以剑麻纤维为原料，经纺纱编织、涂胶及硫化等工序制成，产品分素色和染色两种。剑麻地毯具有抗压耐磨、耐温、吸音、无静电效应、风格粗犷、自然等特点，缺点是弹性较其他类型地毯差。

4. 油漆涂料

油漆涂料属于有机高分子材料，是装修的外饰面工程，这种材料是用不同的施工工艺涂覆在物件表面并黏附牢固，具有一定强度和连续性的固态薄膜，从而起到保护和装饰作用。展示工程中常用的油漆涂料有以下几种。

（1）乳胶漆

乳胶漆是由各种有机物单体经乳液聚合反应后生成的聚合物，它以非常细小颗粒分散在水中，形成乳状液，称为乳液型涂料。乳胶漆根据装饰的光泽效果可分为哑光、半光、丝光和高光等类型。乳胶漆一般涂刷在抹灰层上。乳胶漆是各种墙体饰面做法中最经济、最简便的一种方式。目前，乳胶漆经过电脑调色，有上百种颜色可供选择，极大地丰富了墙面装饰效果，也为设计师提供了多种表现手段（图11-24）。

图11-24　红色的乳胶漆墙面丰富了空间的艺术表现力

（2）清漆

清漆俗称凡立水，是一种不含颜料的透明涂料，是以树脂为主要成膜物质，分为油基清漆和树脂清

漆两类。常用的清漆种类繁多，有硝基清漆、酚醛清漆、虫胶清漆、醇酸清漆等，一般多用于木制家具、门窗、金属构造的表面。

(3) 调和漆

调和漆是油漆涂料中使用最广泛的品种，分为油性调和漆、磁性调和漆与水性调和漆。

油性调和漆是以干性油和颜料研磨后加入催干剂和溶解剂调配而成的，吸附力强，不易脱落松化，经久耐用，但干燥、结膜较慢。

磁性调和漆又称磁漆，是用甘油、松香脂、干性油与颜料研磨后加入催干剂和溶解剂调配而成的，其干燥性能比油性调和漆要好，结膜较硬，光亮平滑，但容易失去光泽，产生龟裂。

水性调和漆是以水作为稀释剂的，它分为三类：丙烯酸水性漆、丙烯酸聚氨酯水性漆、聚氨酯水性漆，后者为水性漆中的高级产品。水性漆具有无毒环保，施工简单方便，不易出现气泡颗粒，耐水性优良，漆膜手感好等优点。

中高档调和漆在市场上成套装销售，一般包括面漆、调和剂及光泽剂等。适用于室内外木材、金属及墙体表面，可刷涂、喷涂。

(4) 真石漆

真石漆又称石质漆，是一种水溶性复合涂料，由底漆、真石漆、面漆组成。它的装饰效果酷似毛面大理石和花岗岩，但成本比较低（图 11-25）。真石漆涂层坚硬、附着力强、黏结性好、耐酸耐碱、修补容易、耐用 10 年以上，与之配套施工的有抗碱性封闭底漆和耐候防水保护面油。真石漆主要用于客厅背景墙和具有特殊装饰风格的展示空间、公共空间。施工中采用喷涂工艺，装饰效果丰富自然，质感强，能与光洁平坦的材料形成对比。

(5) 特种涂料

特种涂漆包括防锈漆、防火涂料、防水涂料和发光涂料等。

防锈漆主要用于金属装饰构造的表面，起到防止氧化的作用。

防火涂料可以延长可燃材料的引燃时间，阻止非可燃材料表面温度升高而引起强度急剧丧失，使人们争取到灭火的宝贵时间。一般涂刷在木质龙骨构造表面，也可用于钢材、混凝土等表面上。

早期的防水涂料以熔融沥青及其他沥青加工类产物为主。现在各种合成树脂为原料的防水涂料占市场主流，按其状态可分为溶剂型、乳液型、反应固化型三类，其中乳液型防水涂料是应用最多的品种。防水涂料用于卫生间、厨房及地下工程的顶、墙、地面。

发光涂料是指在夜间能指示标志的一类涂料，具有耐候、耐油、透明、抗老化等优点。主要用于展厅、商场、办公室、酒店的招牌及交通指示器、门窗把手、钥匙孔、电灯开关等需要发各种色彩和明亮反光的场合。

图11-25　真石漆能模仿毛面石材的色彩与质地

5. 地板

用于展示空间地面的地板主要有实木地板、实木复合地板和强化复合地板、塑料地板等。地面铺木地板易清洁、不起灰，隔热保温、吸声性能好，脚感舒适，给空间环境以自然、温暖、亲切的感觉，特别是木质表面自然优美的纹理及色泽，具有良好的装饰效果。

(1) 实木地板

实木地板是采用天然木材，

经加工处理后制成条板或块状的地面铺设材料，用材以阔叶材为多。具有无污染、自重轻、弹性好、档次高和冬暖夏凉的优点。实木地板分 AA 级、A 级和 B 级三个等级，AA 级质量最高。实木地板的规格根据不同树种来定制，一般宽度为 90 ～ 120mm，长度为 450 ～ 900mm，厚度为 12 ～ 25mm。优质实木地板表面经过烤漆处理，应具备不变形和不开裂的性能。

（2）实木复合地板

实木复合地板是利用珍贵木材或木材中的优质部分以及其他装饰性强的材料作表层，材质较差的木质材料作中层或底层，构成经高温高压制成的多层结构的地板。由于它是由不同树种的板材交错层压而成，因此克服了实木地板单向同性的缺点，干缩湿胀率小，具有较好的尺寸稳定性，并保留了实木地板的自然木纹和舒适的脚感。

（3）强化复合地板

强化复合地板是在原木粉碎后，添加胶、防腐剂、添加剂后，经热压机高温高压而成（图 11-26）。强化复合地板一般是由四层材料复合组成，即耐磨层、装饰层、高密度基材层、平衡（防潮）层。强化复合地板的强度和耐磨系数高、规格统一、防腐、防蛀而且装饰效果好，克服了原木表面的疤节、虫眼、色差问题。复合地板无需上漆打蜡，使用范围广，易打理，适合人流量大的场所。

图11-26　强化复合地板

（4）塑料地板

塑料地板是指聚氯乙烯树脂塑料地板，具有防尘降噪、防静电、防滑和整体无缝、美观、耐磨、保温、易清洗等特点。此外，塑料地板易于铺贴，价格较为经济，并且根据不同的使用需要，产品有高、中、低等许多不同的档次，为不同的装饰标准提供了较大的选择余地，是展示空间常用的地面装饰材料（图 11-27）。

图11-27　科学馆地面铺橡胶地板

新型塑料地板，有卷材和块材之分，艺术效果有仿织锦、仿地毯、仿木地板和仿石材等，采用塑料地板以取代木材、石材等天然原料，具有节约资源，促进环境保护的生态意义。

6. 天然石材

（1）花岗岩

花岗岩俗称麻石，是由石英、长石和云母等矿物组成的火成岩，是一种全晶质天然岩石。按花岗岩饰面板材的表面效果和加工方法，可分为镜面板、火烧板、粗磨板、机刨板、剁斧板和锤击板等。

花岗岩用于墙面和地面的装修，具有良好的硬度，抗压强度高，耐磨性和耐久性好，同时耐酸碱、耐腐蚀，表面平整光滑，棱角整齐，色泽稳重大方，是一种较高档的装修材料，使用年限约数十年至数百年（图 11-28）。

图11-28 常见花岗岩品种

(2) 大理石

大理石又称云石，因盛产于我国云南大理点苍山而得名，主要矿物质成分有方解石、白云石等，化学成分以碳酸钙为主。天然大理石的色彩纹理一般分为云灰、单色和彩花三大类。大理石与花岗岩一样，可用于室内各部位的石材贴面装修，但强度不及花岗岩，在磨损率高、碰撞率高的部位应慎重考虑。大理石的花纹色泽繁多，可选择性强（图 11-29），板材表面需经过初磨、细磨、半细磨、精磨、抛光等工序。

天然石材地面花纹自然，富丽堂皇，细腻光洁，清新凉爽，在长期固定的展示场所用得较多。花岗岩和大理石的常见规格厚度为 20mm，长和宽根据具体设计要求定制加工，常见尺寸一般为 400mm × 400mm × 20mm，600mm × 600m × 20mm 等。

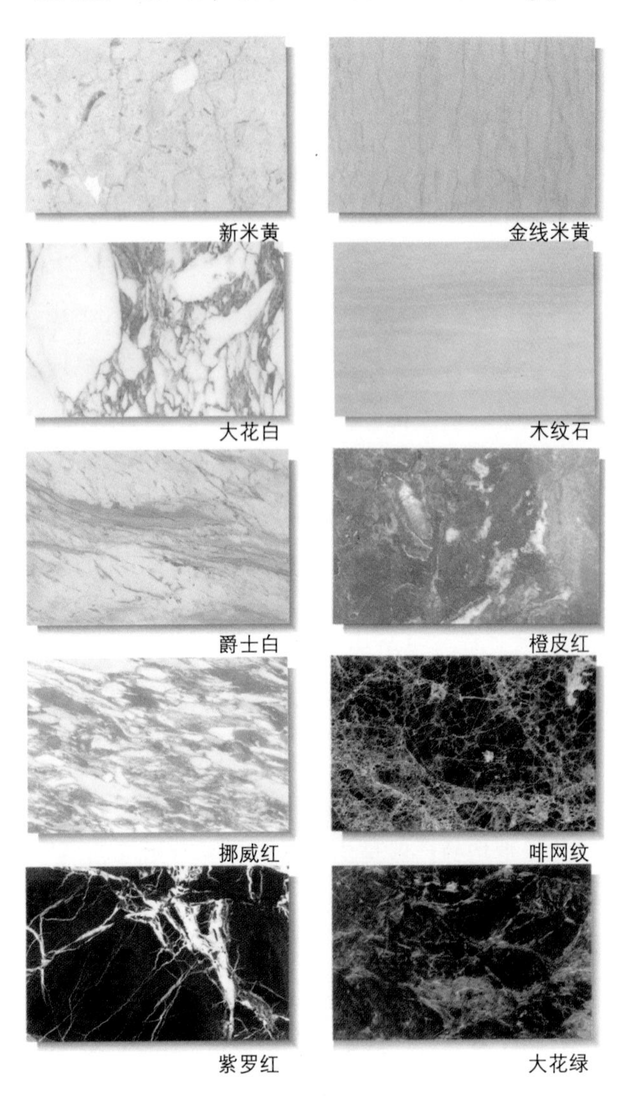

图11-29 常见大理石品种

7. 陶瓷墙地砖

(1) 釉面砖

釉面砖又称墙面砖，是用于内墙贴面装饰的薄片精陶建筑材料。釉面砖正面有釉，背面呈凸凹方格纹，按釉料和生产工艺不同，分为白色釉面砖、彩色釉面砖、印花釉面砖等不同品种。釉面砖饰面具有易清洁、美观耐用、耐酸耐碱等特点（图 11-30）。常用的规格一般为（长 × 宽 × 厚）200mm × 200mm × 5mm、200mm × 300mm × 5mm、330mm × 450mm × 6mm 等。高档釉面砖还配有相当规格的腰线砖、踢脚线砖、花片等，均施有彩釉图案装饰，且价格较高。

图11-30　釉面砖常用于卫生间墙面装饰

（2）玻璃马赛克

玻璃马赛克又称玻璃锦砖，是以玻璃原料为主，采用熔融工艺生产的小块预贴在纸上或网上的墙面镶贴材料。其产品外观有乳浊状、半乳浊状和透明状三种效果。透明状玻璃马赛克，俗称水晶玻璃马赛克，是用高白度的平板玻璃，经过高温再加工，熔制成色彩艳丽的各种款式和规格的马赛克。能充分体现玻璃的晶莹剔透、光洁亮丽、艳美多彩，价格较昂贵（图 11-31）。玻璃马赛克常用的规格有 20mm × 20mm、25mm × 25mm、50mm × 50mm、100mm × 100mm 等，厚度一般为 4mm。玻璃马赛克反贴在牛皮纸上或正贴于编织网上，称为一联，便于施工，每联尺寸为 328mm × 328mm 左右。

（3）通体砖

通体砖是一种表面不施釉的陶瓷砖，而且正反两面的材质和色泽一致，只不过正面有压印的花色纹理。通体砖属于耐磨砖，常用于公共空间的地面装修。常用规格有（长 × 宽 × 厚）300mm × 300mm × 5mm、400mm × 400mm × 6mm、500mm × 500mm × 6mm、600mm × 600mm × 8mm 等。

图11-31　晶莹剔透的玻璃马赛克

（4）抛光砖

抛光砖是通体陶瓷砖，是通体砖的一种，表面经过打磨而制成的一种光亮砖体，外观光洁、质地坚硬耐磨，通过渗花技术可制成各种仿石、仿木效果。表面可加工成抛光、哑光、凹凸等效果。抛光砖常用规格有（长 × 宽 × 厚）400mm × 400mm × 6mm、500mm × 500mm × 6mm、600mm × 600mm × 8mm 等。

（5）玻化砖

玻化砖又称全瓷砖，是使用优质高岭土强化高温烧制而成，质地为多晶材料。它比抛光砖更硬更耐磨，是所有瓷砖中最硬的一种，也是展示空间中使用最多的一种地砖（图 11-32）。不少玻化砖具有天然石材的质感，而且具有高光度、高硬度、高耐磨、吸水率低、色差少以及色彩丰富等优点。玻化砖可用于地面和墙面装饰，富丽堂皇、现代气派，可达到大理石、花岗岩的装饰效果。砖的规格一般较大，通常为（长 × 宽 × 厚）600mm × 600mm × 10mm、800mm × 800mm × 10mm 等。

（6）仿古砖

仿古砖是用设计制造成形的模具压印在普通瓷

砖或全瓷砖上，铸成凹凸的纹理，其古朴典雅的形式受到人们喜爱(图 11-33)。仿古砖多为橘红、土红、深褐等色，部分砖块设计时还具有拼花效果，视觉上有凹凸不平感，有很好的防滑性。仿古砖的规格大多是(长 × 宽 × 厚) 300mm × 300mm × 5mm、330mm × 330mm × 6mm、600mm × 600mm × 8mm 等。

图11-32　玻化砖地面光洁气派

图11-33　深圳圣德保仿古砖展示

11.2.4　胶合材料

胶合材料用于装饰材料之间的粘接，与传统的钉接、焊接相比，具有接头分布均匀、操作灵活、使用简单的优点。

1. 展示用胶粘剂

(1) 强力建筑胶，用来粘接质量重的物件，像大理石、花岗岩、混凝土、硅酸铝耐火板、厚釉面砖、石膏板等。

（2）通用建筑胶，适于黏接瓷砖、马赛克、釉面砖、各种装饰塑料制品等。

（3）地板黏接剂，可黏接地板革、塑料地板砖、木地板等。

（4）壁纸胶，可粘贴各种壁纸、地毯、皮革、木材、塑料等。

2. 国产专用胶粘剂

XY401 胶粘剂，可将铝塑装饰板粘到金属或木质龙骨上，或水泥砂浆墙面上；CX205 胶粘剂，可粘贴 ABS 塑料板；CX206 胶，粘接有机玻璃；CX404 胶，可粘接聚乙烯塑料、橡胶、钙塑板、水泥、石棉和木材等；CX－1 光敏胶，可粘接光学玻璃和各种透明材料；CX201 胶，可粘接聚氨酯泡沫塑料；CX203 胶，可粘接各种聚乙烯塑料。

3. 展示专用胶水

展示专用胶水用途广、无腐蚀，没有强烈刺激的气味。1～8 号胶水，可粘接金属、皮革、木材及玻璃材料；10 号胶水，可粘接硬质泡沫塑料、海绵等；75 号胶水，是无色透明的喷雾制剂，用于展示现场的临时粘接、修补或版面的排版拼图；77 号胶水，是透明、快干的强力喷剂，适宜粘接苯板和大量户外的装饰、广告使用。

4. AA 超能胶

AA 超能胶黏合力最强，黏合速度最快，可广泛用于黏合或修补任何材料，是展示工程施工的理想黏合剂。

5. 压敏胶粘剂

压敏胶粘剂可代替传统的图钉及其他钉子，可在任何材质上粘贴不同材料的字体、照片、图表等，粘合力强，不损伤展板表面。

11.2.5　发光装饰材料

（1）各色反光电化铝胶纸，有平光面和凹凸纹理面两种，多用于字体和标志的制作（图 11-34）。

图11-34　各色反光电化铝胶纸

（2）多种色彩的光导纤维，用于组合字体、标志或图形的装饰，可获得醒目的视觉效果（图 11-35）。

图11-35　将光导纤维处理成光纤水帘的效果

（3）荧光胶管和胶片，又称为“光彩荧胶”，分圆管、方条、片条等形状，包括红、橙、黄、绿、蓝、白及无色透明等多种色彩，在紫光管的照射下能发出耀眼的荧光。招牌胶片，只需贴于普通灯管照明的灯箱或在日光管的照射下，即能产生霓虹灯光的独特效果。荧光胶管和胶片除价格较霓虹灯便宜外，更比霓虹灯省电 2/3，且寿命长、易保养、安全实用。

（4）闪光粉，有金、银、蓝、绿、红等色，使用时可在刻出的字体图形模板上喷胶，再撒布色粉固定，装饰效果较好。

（5）塑胶质霓虹管，易于弯曲加工，用于制作图形与字体，较经济方便（图 11-36）。

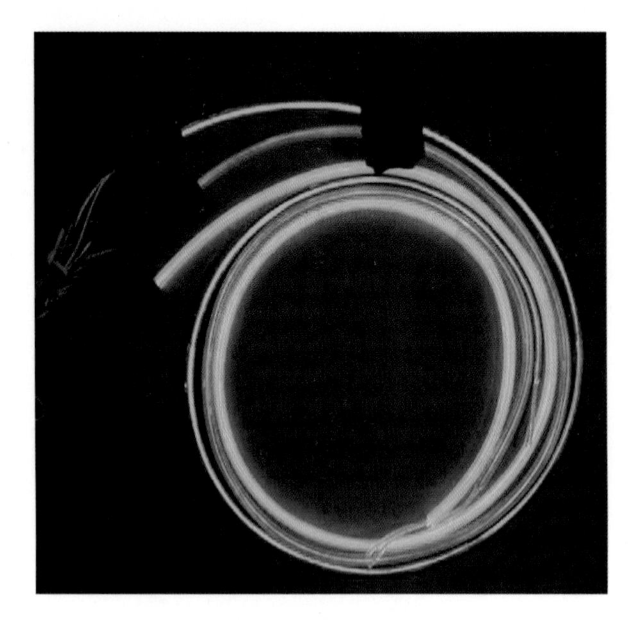

图11-36　塑胶质霓虹管易于加工

11.3　展示设计的施工工艺

展示设计的工程施工主要指空间界面的施工。按照地面、墙面、顶面的分类，来介绍一下展示工程中常见的施工工艺。

11.3.1　地面装饰工程

1. 地面铺贴石材的施工工艺

选板、试拼、编号→板材浸润、阴干→铺设结合层（厚度10～15mm，1∶2水泥砂浆）→拼板（缝宽≤1mm）→同色水泥浆擦缝→打蜡。

2. 地面铺贴地砖的施工工艺

选砖、润湿→铺设结合层（厚度10mm，1∶2水泥砂浆）→铺砖（缝宽≤1mm）→同色水泥浆擦缝。

3. 地面铺设强化复合地板的施工工艺

地面平整、干燥→铺塑料薄膜→铺地板（端边接缝要错开）→地板离墙（柱）8～15mm缝隙→安装踢脚板。

4. 地面铺装实木烤漆地板的施工工艺（图11-37）

地面平整、干燥→地面钻孔打木楔→安装木龙骨架（纵横间距300～400mm，离墙30mm）→木龙骨上铺设九夹板（与龙骨呈30°或45°，与墙留10～20mm）→安装实木地板（用地板钉固定，板的端头接缝应在木龙骨上，地板靠墙留8～12mm）→（如果是素板，还需磨光、上漆）→安装踢脚板。

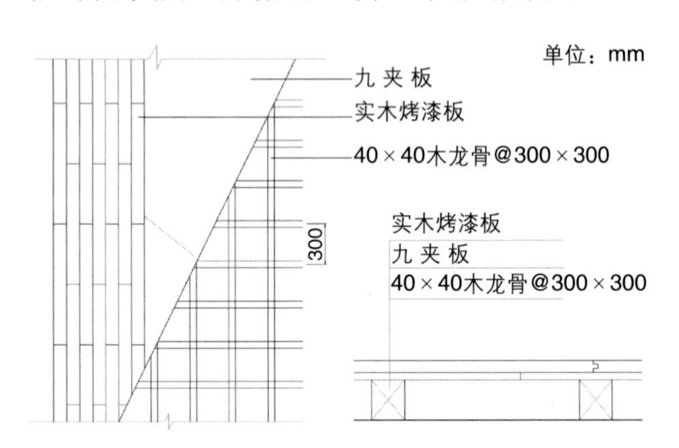

图11-37　地面实木地板构造图

5. 地面铺装塑料地板的施工工艺

地面应平整、坚硬、干燥→对塑料板块或切割后作拼花的板块进行编号→对地面进行弹线、分格、定位、编号→铺设塑料地板（由中央向四周铺贴），方法一：直接铺贴，方法二：胶粘铺贴→清理、打蜡。

6. 地面铺设地毯的施工工艺（图11-38）

地面干燥、洁净、平整→裁剪地毯，按位置编号→用玻璃纤维网带粘接地毯→铺设踢脚板（离地面8mm）→沿四周靠墙脚处钉倒刺条板用以固定地毯（条板上的斜钉应向墙面）→铺设地毯（一边先固定在倒刺条板上，再进行拉伸，毛边掩入踢脚板下）→地毯收口（铝合金L型倒刺收口条或不带刺的铝合金压条）。

7. 涂布地面的施工工艺

地面坚牢、平整、光洁干燥→将加入颜料的合成树脂面层材料涂刷于地面（厚度1.5mm）→环氧树脂清漆罩面→打磨涂层表面，打蜡。

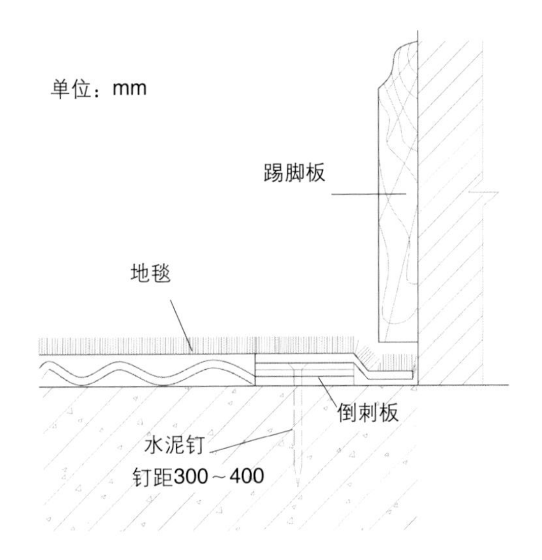

图11-38 地毯铺设施工图

11.3.2 墙面装饰工程

1. 乳胶漆饰面的施工工艺

基层处理，要求平整、干燥→满刮第一遍泥子，干透后粗砂纸打磨平整→满刮第二遍泥子，干透后粗砂纸打磨平整→喷涂底层涂料→喷涂中层涂料→乳胶漆面层施工：分涂刷施工和喷涂施工→清除遮挡物，清扫飞溅物料。

2. 釉面砖饰面的施工工艺

墙体湿润、洁净、平整→釉面砖浸泡，阴干→墙面弹线定位→砂浆为水泥∶沙∶107 胶＝1∶2∶0.02，砂浆黏结厚度为 6 ～ 10mm →贴釉面砖（先大再小、从下而上）→ 24 小时后，白水泥勾缝。

3. 玻璃马赛克饰面的施工工艺

基层处理→找平层抹灰→弹水平及竖向分格缝→马赛克刮浆→就位铺贴→拍板赶缝→湿纸→揭纸→检查调整→擦缝→清洗→喷水养护。

4. 天然石材饰面的施工工艺

（1）直接黏结固定：墙体基层坚固、平整、干燥→选板、试拼、编号→用水泥浆、聚合物水泥浆及新型黏结材料粘贴板材→同色水泥浆擦缝→清理。

（2）锚固灌浆施工（图 11-39）：工程预埋（预埋钢筋环或钢筋钩，须经防锈处理）→绑扎纵横交叉钢筋（竖向钢筋间距 600 ～ 800mm，横向钢筋比该层板块上口低 10 ～ 20mm 处）→选板、试拼、编号→板材钻孔、开槽→清洗板材、阴干→板材槽上穿直径为 4mm 双股铜丝待用→绑扎固定饰面石板（铜丝与墙体钢筋网上的横向钢筋绑扎固定，板材离墙 30mm）→分层灌浆施工（混凝土灌浆，第一层灌注高度低于板材高度的 1/3，第二层灌浆至板材的 1/2 高度，第三层灌浆至板材上口以下 80 ～ 100mm）→ 24 小时后，再进行其上一排板材的绑扎和分层灌浆→同色水泥浆擦缝处理→清理。

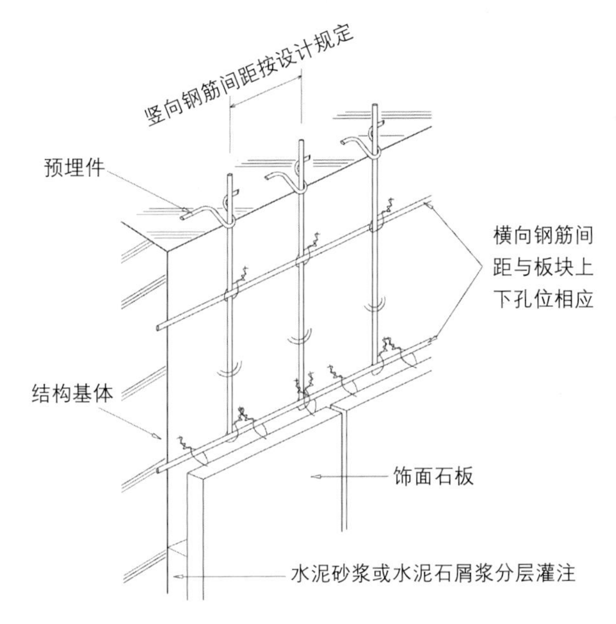

图11-39 天然石材钢筋网绑扎灌浆安装示意图

（3）干挂施工（图 11-40）：选板、试拼、编号→板材钻孔或开槽（板材的上、下端面钻孔，孔径 7 ～ 8mm，孔深 22 ～ 23mm）→安装底层石板，找准水平线→结构胶粘剂灌入底层石板上端的孔眼，插入不锈钢销或不锈钢挂件插舌→安装第二排石板，下孔槽内注入胶粘剂，对准不锈钢销插入→自下而上逐排操作，直至完成石板干挂饰面→注入石材专用的耐候硅酮密封胶，进行嵌缝处理。

5. 木质类板材的墙面装饰施工工艺

墙体表面防潮处理→按木龙骨的分档尺寸弹线定位→钻孔，打入防腐木楔→固定纵横向木龙骨（确保罩面板的所有拼接缝隙均落在龙骨的中心线上）→木骨架涂刷三遍防火漆→罩面板背面涂刷三遍防火漆→安装罩面板（为胶合板或密度板）→钉眼用油性泥子抹平→安装饰面板（有薄木皮装饰板、模压板、人造装饰板、防火装饰板等），安装前饰面板按设计要求进行裁剪→万能胶粘贴，钉枪加固即可。

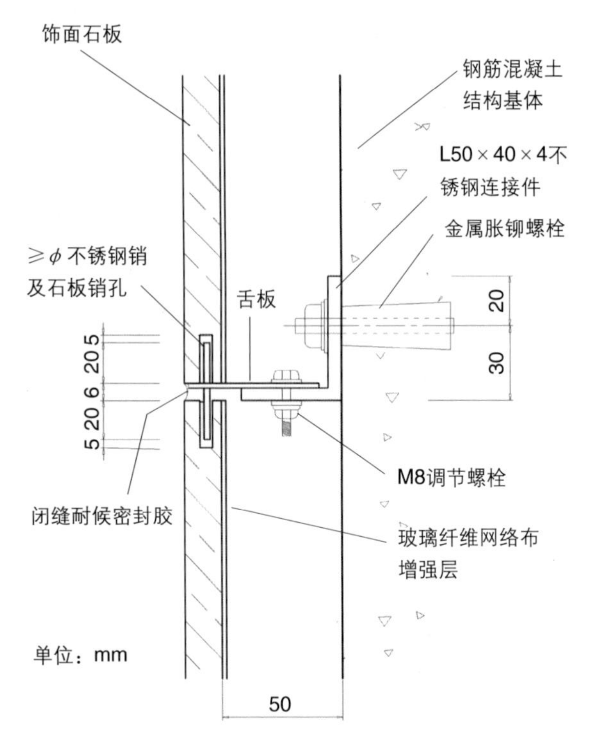

图11-40 天然石板干挂式做法构造图

6. 金属饰面板饰面施工工艺

（1）不锈钢饰面板饰面构造

① 直接粘贴固定法：墙面打木楔，固定木龙骨→刷防火涂料两遍→在木龙骨上固定基层板（胶合板）→万能胶均匀涂刮在基层板上→万能胶均匀涂刮在不锈钢饰面板背面→粘贴饰面板，用力压实、压平→玻璃胶勾缝→撕掉不锈钢饰面板保护膜。

② 开槽嵌入固定法：墙面打木楔，固定木龙骨→刷防火涂料两遍→在木龙骨上固定基层板（胶合板或硬质纤维板）→木工修边机在基层板上开U形槽（槽宽5～8mm，槽深7～10mm）→不锈钢饰面板裁剪、折边→饰面板背面涂刷玻璃胶或耐候胶→饰面板嵌入基层板的U形槽内，压实压平→玻璃胶嵌缝→撕掉不锈钢饰面板保护膜。

③ 钢架龙骨构造法：墙体基层平整、干净→用50角钢制作横竖相连的钢龙骨框架→角钢表面开孔，以备安装基层板→安装基层板（如木芯板、密度板、胶合板、石膏板等）→安装不锈钢饰面板（可采用直接粘贴固定法或开槽嵌入固定法）。

（2）铝塑复合板饰面构造

① 无龙骨粘贴法：墙面上直接固定胶合板或木芯板做基层→基层板上弹出安装分格线→裁剪→铝塑板背面涂刮万能胶→基层表面涂刮万能胶→粘贴铝塑板，拍打压实→玻璃胶或耐候胶嵌缝。

② 木龙骨粘贴法：墙面干净、平整→安装木龙骨框架→铺钉基层板（五夹板或九夹板）→粘贴铝塑板→玻璃胶或耐候胶嵌缝。

③ 轻钢龙骨粘贴法：墙上安装竖向轻钢龙骨（间距为400～600mm，可加横撑龙骨）→在龙骨上铺钉纸面石膏板或木夹板→粘贴铝塑板→勾缝。

7. 墙面玻璃装饰的施工工艺

（1）玻璃隔断墙的构造：地面弹出位置线→木芯板裁成条状，做成空心盒体→将盒体固定于位置线上，作为边框→边框的四周或上下部位开槽（槽宽应大于玻璃厚度3～5mm，槽深8～20mm，作玻璃膨胀伸缩之用）→安装玻璃→用木压条或金属条固定。

（2）玻璃背景墙的构造：墙面干燥、清洁、平整→安装木龙骨架→安装五夹板或九夹板用以固定玻璃→玻璃的固定方法主要有三种：螺钉固定、压条固定、胶粘固定。

（3）空心玻璃砖砌墙的构造：砂浆配置（白水泥∶107胶=100∶7）→钢筋支架固定→玻璃砖砌筑（两层玻璃砖的间距为5～8mm）→腻刀勾缝→擦净灰砂。

8. 壁纸饰面的施工工艺

墙面平整、干燥、坚实→刷底漆→分幅弹线→裁纸（壁纸的长度，两幅间尺寸按重叠2cm计算）→壁纸的背面和墙面上刷胶粘剂→依顺序张贴→刮板轻刮→擦去拼缝处的多余胶水即可。

9. 软包饰面的施工工艺

（1）成卷铺装法：基层处理（平整、干燥）→安装木龙骨→安装九厘板→软包饰面→四周收边压条固定。

（2）分块固定法：基层处理（平整、干燥）→安装木龙骨→按设计要求裁切夹板和软包罩面皮革→五夹板压住皮革，用圆钉钉于木龙骨上→皮革与夹板之间填入衬垫材料进而包覆固定→第二块五夹板又可包覆第二片革面压于其上进而固定→照此类推完成整个软包面。

11.3.3　吊顶装饰工程

1. 铝合金龙骨矿棉装饰吸声板吊顶的施工工艺

弹出吊顶水平标高线、安装吊杆→安装主龙骨→安装次龙骨（间距一般为 600mm）→安装横撑龙骨（间距一般为 600mm）→安装矿棉装饰吸声板（有搁置式安装、企口板嵌装、复合粘贴安装三种）。

2. 轻钢龙骨纸面石膏板吊顶的施工工艺

弹线（弹出主龙骨的位置，最大间距为 1000mm），并标出吊杆的固定点→固定吊挂杆件（做防锈处理）→安装主龙骨→安装次龙骨→安装边龙骨（固定在墙上）→安装纸面石膏板（接缝错开，自攻螺丝拧紧）→钉眼防锈处理并用石膏泥子抹平→根据设计要求可刮泥子做乳胶漆，也可裱糊壁纸墙布等。

3. 木龙骨胶合板罩面装饰吊顶的施工工艺（图 11-41）

弹线→固定主、次龙骨→固定边龙骨→安装胶合板→钉眼用油性腻子抹平→根据设计要求完成后续工程（或是刮腻子做乳胶漆，或是粘贴薄木饰面板，或是安装镜面玻璃，或是粘贴不锈钢板等）。

4. 金属板材装饰吊顶的施工工艺

（1）固定式贴面吊顶：安装吊杆→安装主、次木龙骨→安装五夹板→粘贴金属吊顶板饰面。

（2）搁置式明装吊顶：安装吊杆→安装 T 型轻钢龙骨→板块平放搭装于 T 型龙骨上。

（3）嵌入式暗装吊顶：安装吊杆→安装配套金属龙骨→嵌入金属块形吊顶板。

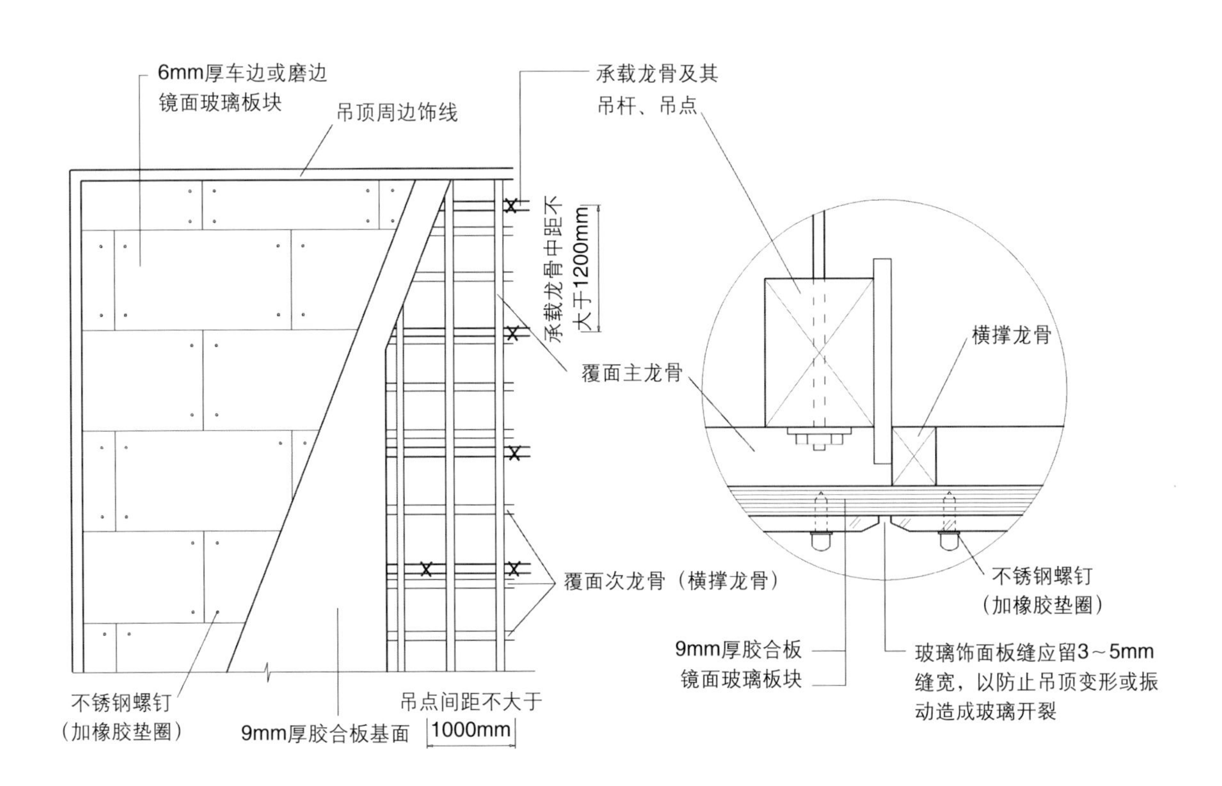

图11-41　木龙骨吊顶以胶合板作基面安装镜面玻璃构造图

思考题:

1. 在展示工程中,基层材料包括哪些?面层材料包括哪些?
2. 装饰玻璃有哪几种?
3. 哪些装饰材料可用于展示工程的地面?
4. 在天然石材饰面的施工中,锚固灌浆施工和干挂施工各自的要点是什么?

参 考 文 献

[1] 林福厚 . 展示设计 . 北京 : 中国建筑工业出版社，1996

[2] 王熙元 . 新概念展示设计 . 上海：华东大学出版社，2004

[3] 赵海频,林思涛等 . 现代商业展示设计 . 上海：上海人民美术出版社，2002

[4] 朱淳 . 现代展示设计教程 . 杭州：中国美术学院出版社，2002

[5] 赵云川 . 展示设计 . 北京：中国轻工业出版社，2001

[6] 许亮 . 展示设计 . 长沙：湖南美术出版社，2001

[7] 彭一刚 . 建筑空间组合论（第二版）. 北京 : 中国建筑工业出版社，1998

[8] 符远,陈炬 . 展示设计 . 北京 : 高等教育出版社，2006

[9] 任仲全 . 展示设计 . 南京：江苏美术出版社，2001

[10] 唐泓 . 橱窗设计 . 武汉：湖北美术出版社，2002

[11] 吴国欣等 . 橱窗设计 . 北京：中国建筑工业出版社，1997

[12] 汤留泉,李梦玲 . 现代装饰材料 . 北京：中国建材工业出版社，2008

[13] 陈一才 . 装饰与艺术照明设计安装手册 . 北京：中国建筑工业出版社，1991

[14] 孙元山 . 室内设计制图 . 沈阳：辽宁美术出版社，2005

[15] 朱福熙,何斌 . 建筑制图（第三版）. 北京：高等教育出版社，1996

[16] [英] 杰里米 · 迈尔森 . 新公共建筑 . 贾君译 . 北京：中国建材工业出版社，2002

[17] 王路 . 德国当代博物馆建筑 . 北京：清华大学出版社，2002

[18] [日] 高桥信裕 . 博物馆 & 休闲公园展示设计 . 台北 : 新形象出版事业有限公司，1992

[19] [英] 莎拉 · 曼纽尔 . 欧美顶级品牌最新卖场设计 . 赵欣译 . 北京：中国水利水电出版社，2007

[20] [英] 康韦 · 劳埃德 · 摩根 . 展台设计实务 . 王俊,韩燕芳译 . 长春：百通集团吉林科学技术出版社，1999

[21] Robert B.Konikow. Exhibit Design. New York:Hearst Books International,Oxnard:PBC INTERNATIONAL Inc., 2002